城市更新综合效益评价理论及实践

李剑锋　著

中国建筑工业出版社

图书在版编目（CIP）数据

城市更新综合效益评价理论及实践 / 李剑锋著. —北京：中国建筑工业出版社，2022.1（2023.1重印）
ISBN 978-7-112-26856-6

Ⅰ.①城… Ⅱ.①李… Ⅲ.①城市规划—效益评价—研究 Ⅳ.① TU984

中国版本图书馆 CIP 数据核字（2021）第 249345 号

责任编辑：刘瑞霞
责任校对：李欣慰

城市更新综合效益评价理论及实践
李剑锋 著
*
中国建筑工业出版社出版、发行（北京海淀三里河路 9 号）
各地新华书店、建筑书店经销
北京建筑工业印刷厂制版
北京建筑工业印刷厂印刷
*
开本：787 毫米 ×960 毫米 1/16 印张：14¼ 字数：252 千字
2022 年 1 月第一版 2023 年 1 月第二次印刷
定价：**58.00** 元
ISBN 978-7-112-26856-6
（37843）

序

改革开放 40 多年来，我国的工程建设成就举世瞩目。随着时代的发展变化，城市建设发展重心从新建项目逐渐过渡到更新项目。城市更新是一种将城市中已经不适应现代化城市社会生活的地区作必要的、适宜的、有计划的改建活动。其目标是解决城市中影响甚至阻碍城市发展的城市问题，这些问题涉及政治、社会、经济、环境等方面。

城市更新的目的是对城市中某一衰落的区域进行拆迁、改造、投资和建设，以全新的城市功能替换功能性衰败的物质空间，使之重新发展和繁荣。它一方面是对客观存在实体（建筑物等硬件）的改造；另一方面是对各种生态环境、空间环境、文化环境、视觉环境、游憩环境等的改造与延续，包括邻里的社会网络结构、心理定式、情感依恋等软件的延续与更新，产生城市共生的效果。

城市更新应符合社会发展规律，主要利益相关者包括政府、居民和开发商，他们的视角不同，其利益诉求既有重叠又有矛盾，如何达到平衡？如何臻于综合效益最佳？一直是研究者和从业人员思考和探索的问题。李剑锋博士在此领域耕耘多年，本专著建立博弈模型，提出城市更新管理模式，构建综合效益评价指标体系，并针对猎德、琶洲、杨箕等有代表性的城中村案例改造，应用分析，兼具学术性和实操性，取得可资借鉴的成果。

我国的城市化率还处在稳步提高阶段，城市更新在未来的城市建设中将占有越来越重要的地位。它是一项社会公共事业，核心在于提升整个区域的居住环境和公共配套。城市更新从人文生活角度来看，实现居民从物质满足到精神丰盈，可以丰富完善城市功能，为居民提供完善的公共基础设施，让居民享受舒适的商业生活配套，增加绿地提升居民生活的生态环境，提升生活品位。从城市发展角度来看，盘活土地价值，也可以为城市挖掘空间的服务力，通过重新规划区域功能、对产业结构、用地结构、交通压力、市政设施、居住环境等问题进行调整，并发挥利用商业的运营服务能力，以此激发空间活力。更新是城市居民生活升级的需要，是实现人与空间良性互动的途径，更是城市发展的要求。

城市更新项目研究是一个多维度、多因素、多时段、多类别的复杂课题，本专著涉及的利益博弈均衡和综合效益评价，只是其中的一个重要部分，期望业界共同努力，以更宽阔的视野，考虑更多的要素，今后进一步探索城市有机改造更新的理论、方法和路径，创出中国特色，使我们的城市更新建设有历史韵味，有文化传承，沉淀老味道，焕发新活力。

华南理工大学土木与交通学院工程管理系
主任、教授、博士生导师　王幼松

前　言

城市更新伴随着我国城市化进程，是促进城市社会经济发展的重要手段。它涉及法规政策、土地权属、拆迁补偿安置、文化传承等诸多问题。我国存在的城乡二元体制导致很多旧城镇、旧厂房和旧村居与所在城市的人文景观、经济体制、社会管理上的不协调，城市发展进步受到制约。本书对构建和谐社会，改善人居环境，调整城市空间结构和经济增长方式，提升城市综合竞争力，促进城市可持续发展具有理论和实际意义。本书的主要成果包括：

1. 应用利益相关者理论，界定城市更新的核心利益相关者为政府、居民和开发商。运用博弈理论，构建以上三者的两两静态博弈模型，分析得出政府与居民博弈的重点在于拆迁补偿 R_{b1}，这是政府财政所能承担的受力点；政府与开发商博弈的均衡点是政府提供的优惠政策和开发强度能否使开发商的收益高于行业平均利润 T；居民和开发商的博弈均衡点在于居民对开发商进行监督，开发商循规改造。通过构建三者的动态博弈模型，分析得出三种基于利益相关者的城市更新模式：（1）政府主导完成的 G-R-D 模式，可分解为 G 子模式和 G-R 子模式；（2）政府提供政策，居民主导完成的 R-G-D 模式；（3）政府提供政策，居民支持配合，开发商主导完成的 D-G-R 模式。

2. 探讨了城市更新综合效益评价的内涵，设计协调效益和发展效益两个评价体系来综合评价城市更新的综合效益，其中协调效益体系包括政府效益、居民效益和开发商效益，发展效益体系包括社会效益、经济效益和环境效益。通过文献研究和问卷调查，确定 30 个有代表性的城市更新综合效益评价影响因子。运用因子分析法，构建了三种城市更新模式的综合效益评价指标体系。

3. 使用熵值法计算评价体系下的准则层和指标层的指标权重，得出协调效益评价体系的准则层中，居民效益权重（0.386）最大，政府效益权重（0.343）次之，开发商效益权重（0.271）最低，利益相关者的权重排位反映了城市更新要坚持以人为本，注重居民效益，关注民生、社会和谐稳定，这是城市可持续发展的重要基础；发展效益评价体系中，社会效益权重（0.385）最高，环境效益权重（0.352）次之，经济效益权重（0.263）最低，这与城市更新可持续发展的特点一致，不唯经济发展，重点关注社会和环境的统筹发展。然后，构建了基于熵权的城市更新综合效益评价模型和评价图，以及基于改进雷达图法的城市更新综合效益计算模型。

4. 选择 R-G-D 模式的猎德村、D-G-R 模式的琶洲村和 G-R-D 模式的杨箕村三个广州市城中村改造作为城市更新的典型案例进行实证研究，验证相关理论方法的正确性和适用性。应用模糊数学方法对三个案例进行模糊评价，评价结果分别是猎德村为 7.603（良好），琶洲村为 7.250（良好），杨箕村为 6.904（一般），与实际情况比较相符。结合城市更新综合效益评价图显示三个项目的综合效益都是属于基本效益弱协调发展项目。通过综合效益计算模型得出三个案例的综合效益值，对比分析可知，猎德村改造综合效益值最高，表明通过政府代为土地拍卖，获取改造资金，以村民为主导进行自治的 R-G-D 模式比政府以行政手段主导的模式和由开发商提供资金并主导的模式更能平衡各方的利益，综合效益也更高。

城市更新的目标具有多维性，其综合效益评价既要从社会、经济和环境等发展目标要素中评价，也要从利益相关者政府、居民、开发商的利益协调角度评价。民生、生态、文化、经济是城市更新综合效益的核心内容，社会民生是城市发展的基础，生态环境是评价体系的重要因素，经济发展是城市发展的重要条件，利益相关者利益平衡是城市更新顺利实施的重要保障。城市更新要综合考虑社会、环境和经济的协调统一可持续发展。

本书的研究成果对我国城市更新的和谐可持续发展具有一定的参考价值和现实指导意义。政府在制定相关政策时可以参考评价要素多视角对城市更新方案进行全面考量，并通过综合效益计算方法量化综合效益，选择综合效益最优的改造方案，力臻达到城市更新可持续发展的目标。

关键词：城市更新；改造模式；综合效益；博弈分析；综合评价方法；计算方法

主要变量参数定义

符号	含义及相关说明
G_i	城市更新中政府所获得的收益
R_i	城市更新中居民所获得的收益
D_i	城市更新中开发商所获得的收益
U_i	城市更新博弈模型中，第i个博弈方的收益
H_g	政府独立承担城市更新所需要的成本费用
H_r	居民独立推进城市更新所需要的成本费用
H_d	开发商开发城市更新项目的成本费用
γ	城市更新政府与居民的博弈中，政府提供高标准补偿的概率
δ	城市更新政府与居民的博弈中，居民支持改造的概率
I	开发商开发其他项目（城市更新项目除外）的行业平均利润
λ	城市更新中，政府提供优惠政策的概率
τ	城市更新中，政府提供高强度开发政策的概率
θ	城市更新三方静态博弈中，开发商违规改造的概率
σ	城市更新三方静态博弈中，居民严格监督的概率
β	城市更新三方静态博弈中，政府严格监管的概率
A_i	城市更新项目的面积
F_i	因子分析中的公因子
l_{ij}	因子荷载系数
α	克伦巴赫系数
VAR_i	城市更新综合效益评价因子
KMO	相关系数矩阵检验统计量
E_j	评价指标的信息熵值
G_j	评价指标的差异系数
W_j	评价指标的熵权
Q	模糊评价矩阵

续表

符号	含义及相关说明
T	城市更新评价评语集
V	城市更新评价集标准隶属度
Z_i	城市更新效益隶属度
E_{ki}	城市更新单项效益指数
M_i	城市更新发展效益系数
N_i	城市更新协调效益系数
L_i	城市更新项目效益值

研究假设汇总

H1：政府在推动城市更新的过程中，提供优惠政策的概率 λ 与行业平均利润 I 负相关，两者的关系为 $\lambda=\frac{I-D_1}{D_2}$。[第 3 章，证伪]

H2：在城市更新项目的监管过程中，居民严格监督的概率 σ 与政府付出成本 G_0、开发商违规受罚成本 F_d 正相关，与政府严格监管开发商付出的成本 C_g 负相关，他们之间的关系为 $\sigma=1-\frac{C_g}{\theta\times(G_0+F_d)}$。[第 3 章，证实]

H3：在城市更新项目的监管过程中，开发商违规改造的概率 θ 与居民严格监督 C_r 的成本正相关，两者的关系为 $\theta=\frac{C_r}{(1-\beta)\times L_r}$。[第 3 章，证实]

H4：在城市更新项目的监管过程中，政府严格监管的概率 β 与开发商违规改造获得额外利润 D_0 正相关，两者的关系为 $\beta=\frac{(1-\sigma)\times D_0-\sigma\times F_d}{(1-\sigma)\times(D_0+F_d)}$。[第 3 章，无法证实或证伪]

H5：在其他条件一定的情况下，政府对城市更新综合效益的影响比居民、开发商更重要。[第 5 章，证伪]

H6：在其他条件一定的情况下，经济效益的增加比社会效益和环境效益更能提高城市更新综合效益。[第 5 章，证伪]

主要名词及统计指标解释

城市更新：对城市中衰落的区域，进行拆迁、改造或维护建设，使之重新发展和繁荣的总称。

单位固定资产投资的回报率：该指标反映了土地利用的回报率，即土地产投比，数值越大，说明土地利用的经济效益越高。

土地财政收入的增加：由于城中村集体土地转变为国有土地，使得土地的价值增加，必然会给政府带来土地财政收入的增加。

土地利用强度：它包括建筑容积率和建筑密度。建筑容积率为房屋总建筑面积与房屋占地面积之比；建筑密度为房屋总占地面积与城镇用地面积之比；在一定限度内，这两个指标越高，则表明土地利用越充分。

土地利用率：它为城镇已利用土地面积与土地总面积之比。

建成区绿地覆盖率：它是指区域内单位面积拥有的园林绿地面积。指标数值越高，说明该地的生态环境越好。

人均建设用地面积：它等于某年的建设用地面积除以当年人口。

人均住宅用地面积：它等于某年的居住用地面积除以当年人口。

环境质量状况：它是指水质、大气、噪声、固体废弃物等的达标情况。

基础设施配套完善程度：它包括人均拥有铺装道路面积，自来水普及率，城市气化率，年人均用电量，生活垃圾处理率等指标。

人均可支配收入：它是指居民家庭可以用来自由支配的收入。

人均住宅面积：它是衡量村民居住改善状况的有效指标。

医疗保险投保率：它是指村民参与医疗保险的人数占总人数的比例，能够反应村民的医疗保障水平。

养老保险投保率：它是指参与养老保险的人数占总人数的比例，能够反应村民的社会养老保障水平。

拆迁补偿水平：它是指涉及拆迁补偿的补偿水平，反映政府对改造后村民的生活保障的关心程度与村民的后续生活水平。

居民再教育培训比例：它是指无业适龄劳动人口接受再教育获得再就业能力

的数量占无业适龄劳动人口总人数的比例。

城市更新后续发展潜力：城市更新的发展潜力能否产生市场良好的预期并有助于吸引投资，实现区域的品质提升，从而改善村民生活水平也是村民极为关心的问题。

人均公共绿地面积：它是指每个居民平均占有改造后居住小区公共绿地面积的数量。它能够反应改造后居民居住环境的改良状况。

土地经济补偿到位率：是指补偿时，改造项目的执行情况，反映了项目运行的规范程度。

社会就业保障率：它是指失业人数中的再就业率。

义务教育补贴发放率：它是指享受义务教育补贴的人数占适龄人数的比例。

公众参与度：它是指城中村改造的整个过程中村民的参与情况，反映改造项目是否广泛发动群众及其民主程度。

财务内部收益率：指项目在整个计算期使各年净现值之和等于零时的折现率。

动态投资回收期：改造项目的工程动态回收期是在考虑"资金的时间价值"的情况下，以净收益抵偿全部投资所需的时间。

财务净现值：它是指按行业的基准收益率或设定的折现率，将改造项目计算期内各年净现金流量折现到建设起点的现值之和。

借款偿还期：它是指在国家规定及房地产投资项目具体财务条件下，项目开发经营期内使用可用作还款的利润、折旧、摊销及其他还款资金偿还项目借款本息所需要的时间。

利息备付率：它是指项目在借款偿还期内各年用于支付利息的税息前利润，与当期应付利息费用的比率。

偿债备付率：它是指项目在借款偿还期内各年用于还本付息的资金与当期应还本付息金额的比率。

资产负债率：即总资产中有多大比例是通过借债来筹集的，资产负债率高，则企业的资本金不足，对负债的依赖性强，应变能力较差。

流动比率：它是反映项目各年偿付流动负债能力的指标。数值越高，说明运营资本越多，债权越安全。

速动比率：它是反映项目快速偿付流动负债能力的指标。

目　录

第 1 章　绪论 …… 1

1.1　研究背景 …… 1
1.2　研究的目的和意义 …… 2
1.3　研究内容 …… 3
1.4　研究方法 …… 4
1.5　技术路线 …… 6
1.6　本章小结 …… 7

第 2 章　城市更新相关研究综述 …… 10

2.1　城市更新的发展状况研究 …… 10
2.1.1　城市更新概念 …… 10
2.1.2　城市更新的发展状况 …… 11
2.2　城市更新的模式研究 …… 17
2.2.1　整体重建型 …… 18
2.2.2　局部修建型 …… 18
2.2.3　修缮维护型 …… 18
2.3　城市更新的效益研究 …… 18
2.4　城市更新综合评价研究 …… 19
2.4.1　评价指标研究 …… 19
2.4.2　综合评价研究 …… 21
2.4.3　评价方法研究 …… 22
2.5　文献评述及研究趋势分析 …… 26
2.5.1　文献评述 …… 26

2.5.2 研究趋势分析 …… 27
2.6 本章小结 …… 28

第3章 城市更新利益相关者的博弈分析 …… 30

3.1 城市更新利益相关者分析 …… 30
3.1.1 利益相关主体的概念 …… 30
3.1.2 城市更新核心利益相关者分析 …… 30
3.2 博弈理论 …… 32
3.2.1 博弈论的概念 …… 33
3.2.2 博弈论的构成要素 …… 33
3.3 城市更新博弈模型的构建与分析 …… 34
3.3.1 两两静态博弈 …… 35
3.3.2 三方静态博弈 …… 42
3.3.3 三方动态博弈 …… 46
3.4 案例分析 …… 50
3.4.1 案例综述 …… 50
3.4.2 三方决策 …… 53
3.5 本章小结 …… 56

第4章 城市更新综合效益评价指标体系构建 …… 58

4.1 城市更新综合效益的内涵和分析 …… 58
4.2 评价指标体系的研究 …… 59
4.2.1 评价指标的选取原则 …… 59
4.2.2 确定评价指标的初步框架 …… 59
4.2.3 构建评价指标体系的方法 …… 69
4.3 评价指标体系的构建 …… 71
4.3.1 评价指标体系的层次 …… 71
4.3.2 数据来源与处理 …… 72
4.3.3 城市更新综合效益评价指标体系的因子识别 …… 75

4.4 综合效益评价指标体系 …… 101
4.5 本章小结 …… 105

第 5 章 城市更新综合效益评价模型构建 …… 107

5.1 城市更新综合效益评价的目的和原则 …… 107
5.1.1 评价的目的 …… 107
5.1.2 评价的原则 …… 107
5.2 评价的内容 …… 108
5.2.1 政府评价 …… 108
5.2.2 居民评价 …… 108
5.2.3 开发商评价 …… 108
5.2.4 社会评价 …… 109
5.2.5 经济评价 …… 109
5.2.6 环境评价 …… 109
5.3 城市更新综合效益评价模型的构建 …… 109
5.3.1 熵值法 …… 110
5.3.2 指标权重的计算和分析 …… 112
5.4 城市更新综合效益评价模型 …… 120
5.4.1 R-G-D 城市更新模式的综合效益评价模型 …… 120
5.4.2 G-R-D 和 D-G-R 两种城市更新模式的综合效益评价模型 …… 122
5.5 本章小结 …… 125

第 6 章 城市更新综合效益的评价方法和计算方法 …… 127

6.1 多层评价系统的评价法 …… 127
6.1.1 模糊评价法 …… 127
6.1.2 基于熵权模糊理论的综合评价法 …… 127
6.1.3 模糊综合评价步骤 …… 128
6.2 城市更新综合效益的评价方法 …… 130
6.2.1 发展效益系数 …… 131

6.2.2 协调效益系数 …… 132
6.2.3 综合评价 …… 133
6.3 基于改进雷达图法的综合效益计算方法 …… 135
6.3.1 基础雷达图法 …… 135
6.3.2 改进的雷达图法 …… 136
6.4 本章小结 …… 138

第 7 章 案例分析及实证 …… 140

7.1 R-G-D 模式的猎德村改造 …… 140
7.1.1 猎德村案例介绍 …… 141
7.1.2 猎德村改造模糊评价 …… 144
7.1.3 猎德村综合效益分析 …… 148
7.1.4 猎德村改造的经验与借鉴 …… 150
7.2 D-G-R 模式的琶洲村改造 …… 151
7.2.1 琶洲村案例介绍 …… 152
7.2.2 琶洲村改造模糊评价 …… 156
7.2.3 琶洲村改造综合效益分析 …… 160
7.2.4 琶洲村改造的经验与借鉴 …… 163
7.3 G-R-D 模式的杨箕村改造 …… 164
7.3.1 杨箕村案例介绍 …… 165
7.3.2 杨箕村改造模糊评价 …… 169
7.3.3 杨箕村改造综合效益分析 …… 173
7.3.4 杨箕村改造的经验与借鉴 …… 175
7.4 综合效益计算分析 …… 177
7.5 本章小结 …… 179

第 8 章 结论与展望 …… 181

8.1 结论 …… 181
8.2 创新点 …… 186

8.3 相关建议 …… 186
8.4 研究不足和展望 …… 187

参考文献 …… 189

调查问卷 …… 198

第1章　绪　　论

1.1　研究背景

纵观世界城市发展史，就是城市不断更新、改造的新陈代谢过程，城市调节的机制存在于城市发展之中。20世纪后期，世界经济不断增长，各国城市化的快速发展和城市规模不断扩大，带来一系列社会和环境等问题，城市更新已成为当代世界不可缺少的课题，也逐渐成为各国政府关注的重大问题，并得到学者的关注。城市更新开始主要是在城市规划学、建筑学上得到较为深入的研究，后来逐渐扩展到许多学科，如经济学，管理学，社会学，生态学和历史学，从多学科综合的视角研究城市更新的理论和实践。

中国改革开放40年，城市在快速发展的同时，需要运用多种方法来解决发展的瓶颈，其中，城市更新就是主题之一。在当前土地资源供应紧缺的情况下，城市更新已成为扩大建筑空间，保障土地供应的重要途径，建设宜居现代化城市的必然要求。这也是推动节约和集约用地工作，改善城市面貌和生活环境，提高居民生活质量的相关要务。

早在2008年，广东省佛山市本着产业转型、城市转型和环境再造，引领城市更新"三旧"改造的大旗，探索出为全省、全国瞩目和赞誉的"三旧改造佛山模式"。"三旧改造"就是对"旧城镇""旧厂房"和"旧村居"的更新改造，它是土地节约和集约化的要求。随后，"三旧改造"上升为全省发展战略。2009年8月，广东省政府发布《关于推进"三旧"改造促进节约集约用地的若干意见》[1]，吹响了以"三旧改造"为切入点的城市更新建设的号角。随后在广东省委全会上，广州市政府发出动员令：到2012年，将增加1000多亿元投资用于"三旧改造"和建设用地超过2000ha，但从完成期限来看，完成改造比例偏低，至2012年底，珠三角地区"三旧"改造的完成比例不到23%。2016年9月，根据省府《关于提升"三旧"改造水平促进节约集约用地的通知》[2]的精神，广州市政府根据城市化的进展情况，调整城市更新的实施计划，批准《广州市2017年城市更新项目和资金计划》[3]，111个城市更新项目总用地面积14.14km^2，其中全面改造项目

14 个（包括“三旧”改造，村级工业园和土地储备项目），用地面积 1.11km^2，微改造项目 97 个（包括人居环境改善，历史文化保护和产业小镇项目），用地面积 13.03km^2；开展片区策划 22 个、总用地面积 65.41km^2。广州市将以差异化、网络化、系统化的方法，以促进城市空间优化、改善人居环境、传承历史文化、提升社会经济发展系统为主要目标持续推进城市有机更新。选取优化提升“一江两岸三带”、建设“三中心一体系”、打造“三大战略枢纽”发展布局的项目，主要采用微改造的方式活化利用具有历史文化精髓的建筑物、老旧街区，整改储备低效存量用地，升级改造国有旧楼宇、旧工业园厂房、旧村，特色小镇建设等。

但城市更新涉及多个问题，例如法律法规和政策风险、投资风险、土地权属、土地出让交易规范、拆迁补偿、利益冲突，“大拆、大建”不考虑文化的传承等，尤其是庞大的拆迁补偿安置、利益冲突问题日显突出。城市更新面临着促进经济快速发展和保障公民利益的双重考验。以城中村改造为代表的城市更新，原住民大多依靠出租房，拆迁意味着直接切断他们的经济来源。能否顺利完成有关村民拆迁补偿，是衡量城中村改造成效的重要视角。此外，改造牵涉多个利益主体，反映多方利益博弈关系。涉及三个主要利益相关群体，即政府、搬迁居民或业主、开发商，实现各自的利益诉求是推进城市更新的动力。“政府主导，市场参与”是目前许多城市采用的城市更新方式，但在具体实施过程中，由于政府“缺席”或“越位”，许多城市更新项目步履艰难，或者改造后城市空间布局不合理、偏离城市发展目标。面对“三旧改造”的困局，2018 年 4 月 4 日，广东省国土资源厅发布《关于深入推进“三旧”改造工作实施意见的通知》[4]，进一步优化改造政策，加快利用各类低效城市建设用地，促进城市更新可持续健康发展。因此，在城市更新中，政府如何把握自身的角色和职责，更好地开展城市更新，让利益相关者合作共赢，以取得最优的综合效益，是一个值得深入探讨和研究的课题。

1.2 研究的目的和意义

本研究针对国外城市更新不同时代的发展状况和出现的问题，识别 1949 年以来我国城市更新所处的发展阶段，借鉴国外的城市更新实践，对我国城市更新的发展和研究趋势进行预测。通过利益相关方之间的博弈模型，探索城市更新模式。设计协调效益系数和发展效益系数，构建综合效益评价指标体系和评价模型来综合评价和分析城市更新综合效益，并应用到城市更新案例中以验证模型的可行性。其主要目的：通过对城市更新综合效益评价指标体系和评价模型的指引，整合城市资源，完善公共服务设施，提升居住和城市景观环境，高效集约利用土地资源，促进城市化发展和科学管理城市更新。依据分析结果为城市更新的发展提出意见和建议，以促进社会、经济和环境协调统一、可持续发展，为政府制定城市更新相关政策提供依据。

本研究具有如下理论和实践意义：

1. 采用科学方法探索城市更新发展效益指标体系和协调效益指标体系所包含的评价指标以及相应评价指标权重，建立评价模型、评价方法和计算方法。国内外学者针对城市更新在社会、经济、环境方面，特别是在利益相关者方面的综合效益评价模型和计算方法较少，本研究可以弥补该方面的空白。

2. 把相关模型和方法应用到实际案例中，发现不同城市更新模式的异同和规律。

3. 有助于政府和其他利益相关者了解城市更新可持续发展的要求，制定科学合理的城市更新策略，选择合适的城市更新模式。

4. 为相关部门提供有效的评价方法综合评价城市更新方案，找出重点方向，有效解决各种城市更新问题，顺利推进城市更新。

5. 为其他学者研究城市更新提供参考。

1.3　研究内容

本书综述了城市更新国内外的研究现状和进展，以21世纪以来，中国特别是走在改革开放前沿的广州为背景，对城市更新的模式和评价体系、评价模型、评价方法和计算方法进行研究。主要研究内容如下：

1. 利用博弈论构建利益相关者的静态博弈模型和动态博弈模型，通过博弈分析得出博弈结果和均衡，探索可供选择的基于利益相关者的城市更新模式。

2. 综述国内外城市更新评价指标的研究现状，在广泛征求意见和建议的基础上，筛选出城市更新综合效益影响因素，使用因子分析法，建立不同城市更新模式的综合效益评价指标体系，运用熵值法确定各级指标权重，构建综合效益评价模型。

3. 基于模糊理论构建城市更新综合效益评价模型，设计基于协调效益系数和发展效益系数的综合效益评价方法；改进传统雷达图，构建基于熵权雷达图的综合效益计算模型。

4. 对城市更新利益相关者的策略选择和影响综合效益的因素和条件做了一些假设，通过公式推导，结合理论分析和定性分析，检验它们的真伪。

5. 选取广州市猎德村、琶洲村、杨箕村三个不同城市更新模式的典型案例，运用综合效益评价模型和计算方法量化综合效益值，评估和分析综合效益及实证该模型的可行性，并对案例进行比对研究，发现规律。

本书各章的逻辑安排框架见图 1-1。

1.4 研究方法

一、文献综述方法

作为基础的研究方法，文献综述是对研究领域相关文献的综述性研究，全面反映研究范围内的历史背景、研究现状和发展趋势。本研究分析了国内外城市更新的发展状况、演化历程和时代特点，立足相关参考文献，把握研究前沿，明确城市更新综合效益评价的必要性，构建理论框架，提出本书的研究创新。

二、问卷调查方法

问卷调查是一系列围绕研究目的而设计的问题组合[5]，以获取测量数据进行分析，从而达成研究目标[6, 7]，是一种可以快速而简便得到数据的方法[8]，广泛应用在社会科学和管理研究中。本研究中，通过问卷调查收集潜在的影响因子对城市更新综合效益的重要性，从而构建评价指标体系和确定各级评价指标的权重。

三、博弈分析法

博弈论广泛应用于利益相关者之间的行为关系研究[9]。本书运用博弈理论，建立城市更新核心利益相关者的静态和动态博弈模型，分析各利益相关者的可能的行为策略，找出博弈利益均衡点，探索城市更新模式。

四、因子分析法

因子分析是一种用于找到在多元观测变量中起支配作用的潜在因子的方法，也是一项对数据集进行简化处理和降低维度的技术[10]。在综合效益评价过程中，为了更加全面地分析问题，本书通过文献综述建立了一套评价指标。这些指标反映了不同层面和角度的城市更新信息。但是，过多的评价指标往往使统计分析和评价过程变得复杂。如果指标之间存在一定的相关性，会使评价结果有重复。面对这一问题，本书采用因子分析法将具有相关性的原始指标转换成一组独立的、

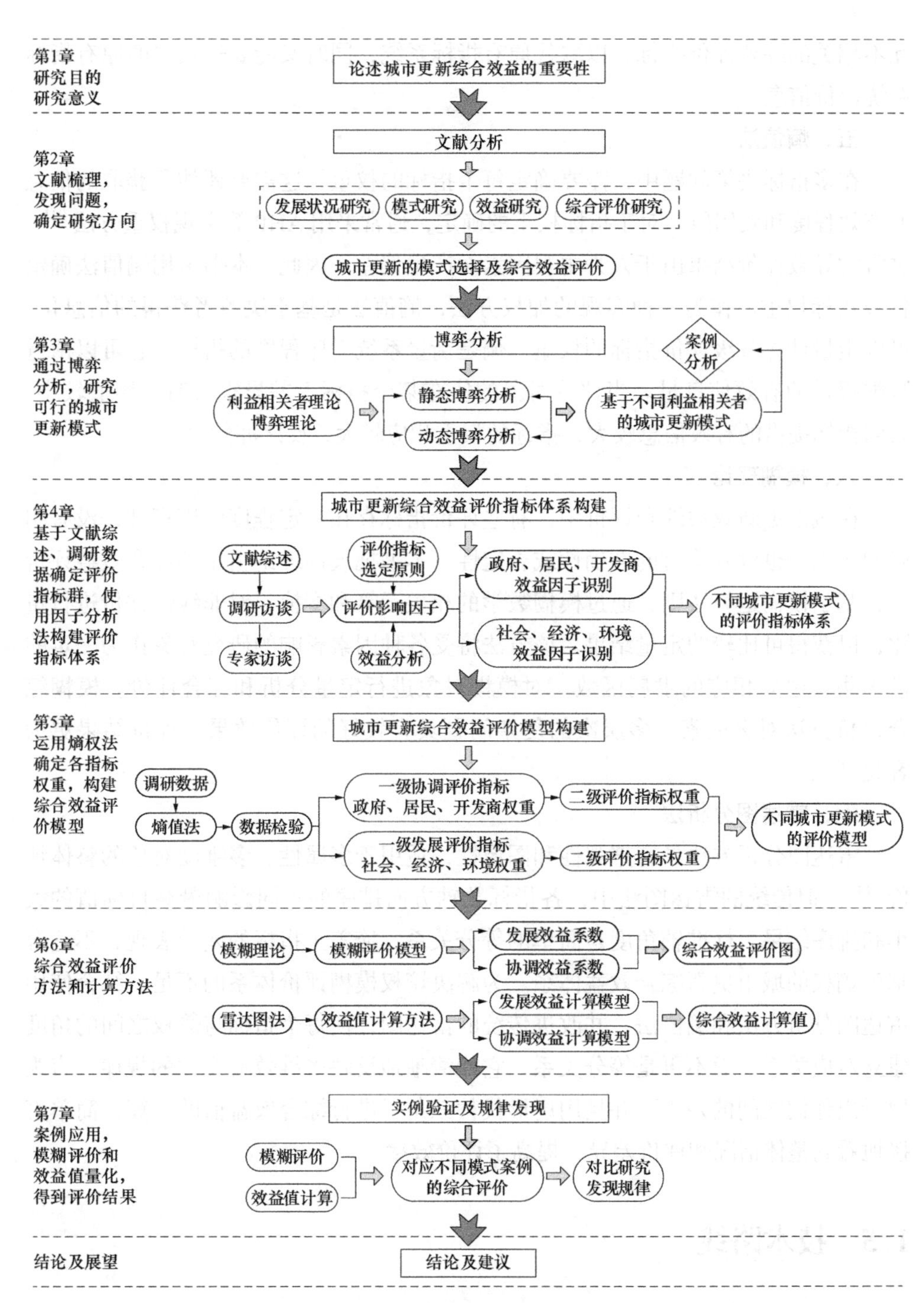

图 1-1 本书的研究逻辑框架图

互不相关的综合评价指标，以取代原有指标系统，同时又能表达较多的原有指标系统评价信息。

五、熵值法

在多指标决策问题中，需要确定每个指标的权重，这需要评估所获取的信息的有效程度和效用值。对于指标权重的确定，通常采用 AHP 等主观权重方法[11]，这常常导致评价结果由于人为主观因素而产生偏差。因此，本书采用熵值法确定各级指标权重。作为一种客观的加权方法，熵值法是基于决策者获得的信息量，可以定量计算各级评价指标的权重。熵是衡量系统无序程度的指标，它可以衡量数据提供的有效信息量。当评价对象的值在某个指标上差异很大时，熵值较小，表明指标提供的有效信息较大，指标的权重相应较大，反之亦然[12]。

六、模糊理论

在城市更新效益综合评价中，有些评价指标存在一定程度的模糊性，没有明确的界限，也没有绝对的准确性或否定性。本书把模糊理论引用到综合效益评价中，基于模糊运算法则，通过模糊数学的相关运算和变换，对非线性评价进行量化，以获得可比较的定量结果。该方法将受各种因素影响的研究对象作为一定的模糊集，建立相应的隶属函数，对模糊对象进行定量分析和综合评价。模糊综合评价方法对多因素，多层次的复杂问题具有较好的评价效果，评价结果更为客观[13]。

七、雷达图分析法

雷达图分析方法具有直观性和图像性，适用于多属性、多维度对象的整体评价[14]。但传统的雷达图法中，各指标数轴方向排序的不同影响最终目标值的大小和排序结果，标准轴角度是简单的等分关系，掩盖了指标的差异表现，不适合基于熵权的城市更新综合效益体系。为解决熵权模糊评价体系的不足，结合使用雷达图分析方法和熵值法，并改进传统的雷达图，使每个指标与熵权之间的角度建立对应关系，而不再是等分关系，它能清晰地反映多维效益变化的规律，直观地看出他们之间的差距，并且用扇形代替三角形进行综合效益值的计算，简单直接地看到整体情况和评价差异，提高了评价效率。

1.5 技术路线

本研究的重点集中在基于利益相关者的城市更新模式研究、不同城市更新模式下的评价指标体系和评价模型构建、综合效益评价方法和计算方法、案例研究分析六个方面。本书技术路线如图1-2所示。

模式研究方面，首先，运用利益相关者理论，分析城市更新主要利益相关者的效益，再运用博弈论构建他们之间的两两静态博弈和三方动态博弈，求解利益相关方的利益博弈均衡点。结合各方效益函数和扩展式动态博弈模型，探索出基于利益相关者的城市更新模式，并以实际案例验证动态博弈模型的可行性。

评价指标体系方面，先通过文献综述找出潜在的评价指标群，通过走访调研和专家访谈确定最后有代表性的影响因子，再使用因子分析法，剔除具有强相关性的因子，抽取公因子，构建不同模式下的综合效益评价指标体系。

评价模型方面，通过评价数据的标准化处理，采用客观赋权的熵值法计算各级评价指标的权重，构建评价模型。

评价方法方面，引入模糊理论评价法，并设计协调效益系数和发展效益系数，建立综合效益评价图进行综合评价。

计算方法方面，改进了传统雷达图，构建基于熵权雷达图的综合效益计算模型。

案例研究方面，选取3个典型城中村改造案例，在计量分析的基础上，进行3个案例的综合效益分析，通过比对研究，总结城市更新的经验，发现规律。

最后在结合评价指标体系和模型，对城市更新提出相关政策建议，期望通过这些建议促进未来城市更新项目的健康、和谐和可持续发展。

1.6 本章小结

随着中国经济的快速发展和城市的不断扩张，城市更新已成为城市化进程的重要组成部分。城市更新既是加速城市化进程的需要，也是城市土地高效利用的需求，但也常常被认为是城市化进程中的最大难题。城市更新有着复杂的主体构成，是一个涉及社会、经济和环境的综合性问题，政府、开发商、居民或村民、集体以及全社会的利益，眼前利益和长远利益等多种利益交织在一起，是一个需要考虑综合效益的课题。城市更新突出的难点是实施难度大，牵涉面广，既要算“经济账”，还要算“政治账”；既要考虑提升城市形象和增加城市发展的竞争力，又要考虑拆迁补偿等各方利益平衡，还要顾及历史文化遗迹的保护和政治工作等。然而，人们却往往只片面地追求经济效益，忽视城市更新后的可持续发展。要和谐地开展城市更新，应遵循三个基本原则：文化要传承、利益相关者经济可接受、

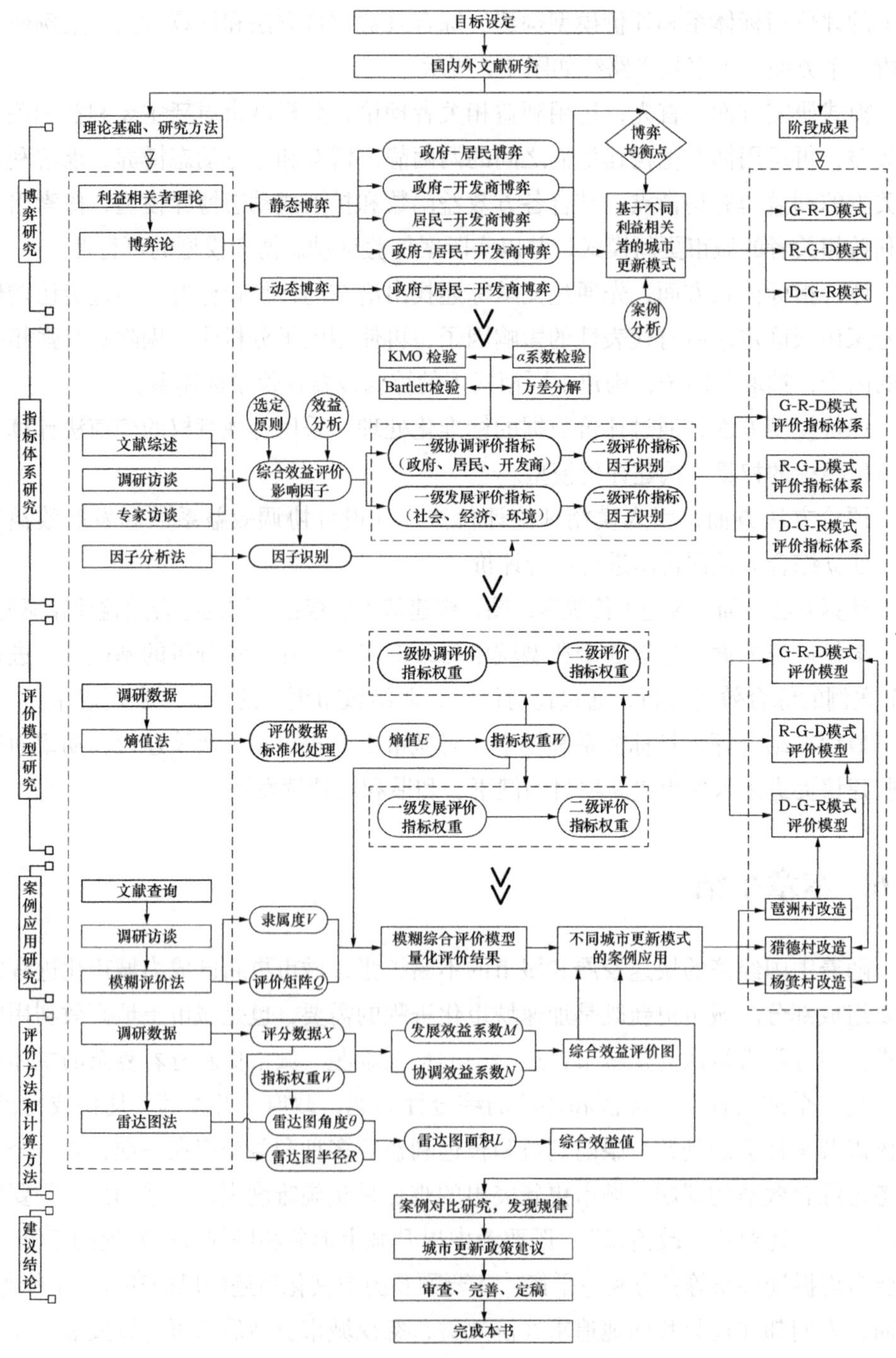

图 1-2 本书的研究技术路线图

综合效益得到最优。如何在新时代下，面对新的社会经济发展形势，找到合适的城市更新模式推进城市更新，使综合效益达到最大化，促进城市的和谐稳定可持续发展，是值得深入探讨和研究的课题。本章围绕此问题阐述了本书的研究意义和目的，概括了研究内容，提出研究方法和技术路线。

第2章　城市更新相关研究综述

本章梳理了城市更新领域的研究现状，阐明现有研究的进展，探讨现有研究的不足，并预测了未来的研究趋势，由此选定对理论发展或实践有指导意义的研究方向。在现有研究成果的基础上，发展和完善了相关的理论方法，以取得一定的研究进展和应用研究成果。因此，本章对城市更新的发展状况、模式、效益和综合评价等研究成果进行检索、归纳、分析和总结，得出本领域的研究进展和动态，为本研究提供相关支撑和方向。

2.1　城市更新的发展状况研究

2.1.1　城市更新概念

1953年，美国住宅经济学家Miles Colean首先提出，城市更新就是恢复城市生命力促进城市土地有效利用[15]。最早的权威概念则在1958年8月在荷兰海牙举行第一次城市更新研讨会上提出的，有学者建议，城市更新就是有关改善城市的建设活动，包括对城市房屋的修缮改造，对公园、街道和绿地等环境的改善，对土地利用或地域、地区的重新规划以形成舒适的生活环境和美丽的市容市貌等[16]。20世纪50年代后，城市快速发展，城市更新的含义随着时空环境的变化也不断变化。许多学者提出自己的见解[17-20]，归纳起来认为城市更新就是城市再开发、城市保护和邻里修复[21]。城市再开发就是拆除再建设的行为；邻里修复就是维修、修缮和涂刷等一般行为；城市保护就是保护现有建筑的历史元素以免遭破坏的行为。

20世纪80年代，陈占祥把城市更新定义为城市的“新陈代谢”过程，既包括重建，也包括历史街区和建筑的保护和修复[22]。20世纪90年代，吴良镛则从城市保护和发展的角度提出城市的“有机更新”论[23]，主张城市更新应该遵守城市内在秩序和规律，采用适当的方法、规模和合理的尺度，依据改造内容和要求进行改造，并且要考虑好目前和未来的关系。中国香港特区政府则认为城市更新就是通过拆除或清除方式对城市衰退区域的再开发和升级改善环境的活动[24]。

2.1.2　城市更新的发展状况

一、欧美的城市更新

过去几十年，住房质量差、生活环境恶劣、城市空间压缩、社会矛盾加剧等城市问题困扰着国外许多国家[25]，城市更新的话题应运而生。早期的城市更新是为了解决城市贫民窟和犯罪等城市安全问题，后来的城市更新则是为了促进城市的社会和经济复苏，改善城市环境，为城市注入新的活力。

欧洲和美洲的城市更新起步较早，可以追溯到 20 世纪 30 年代的美国城市更新。这一时期的城市更新是为了更好地利用城市的土地，改变破旧形象，进行清除贫民窟的建设活动[26]，但美国政府新建的建筑远远少于拆除的建筑，购物中心、办公大厦等豪华建筑建在了被拆除的贫民窟上，例如纽约的林肯中心；在英国，1930 年实施的绿色森林法案，超过 25 万所房屋被拆除，125 万人搬迁到新房。1954 年实施的“住房法”计划每年拆除 5 万套住房，主要是低层私人住宅。在新建的 13 万套大型公共房屋中，政府主要负责拆除和土地平整，私人企业则负责建设[27]；加拿大实施的 48 个城市更新项目，主要是建设道路和商业楼宇[28]；法国开展的“现代化源于搬迁”城市更新活动，与英美的城市更新类似。这时期，“推土机”式的城市更新受到很多质疑，大众批评这种建设活动给被拆迁者带来沉重的心理负担以及社会成本，而且这些项目建设时间跨度太长，以致市中心土地闲置，社会和经济成本都持续增加，新建的住宅周边环境也并非适合家庭生活，尤其是贫困家庭[29]。

20 世纪 50 年代，“二战”后的城市人口快速增加，导致城市不断扩大。在扩张旧城区的战略计划和郊区增长总体规划下，大规模的城市改造轰轰烈烈地开展，清理贫民窟成为主要工作，同时建设基础设施和修建住房等活动。这一时期的城市更新主要是发展城市黄金带的商业区，通过拆除低层私人建筑，建设公共住房、商业办公和文化娱乐中心。城市更新的建设活动被商业利益所绑架，在商业利益集团的强势影响下，贫民、普通民众的声音往往被掩盖[30]。

20 世纪 60 年代，随着“推土机”式城市更新方法饱受批评，一种新的方法被采用。一些面向改善现存住房和环境，考虑社会福利的项目开始实施，并尊重民意，邀请他们参与计划方案的制定，改善服务质量积极应对社会问题。美国“挑战贫困”的大社会计划就是为了全面解决大城市衰落地区的贫困问题。7 年总共投入23亿美元，主要用于教育、公共安全等项目，少数用于住房维修和建设基础设施。但有学者认为该计划过于“理论化”，被一些规则所约束[31]。许多欧洲国家，如瑞典、荷兰和德国等国仅仅关注住房和基础设施的改造建设，加拿大、法国和以色列等国家则广泛采用美国的城市更新模式。

20世纪70年代，世界经济增长放缓。由于上一年代许多城市更新项目没有带来积极效果，反而增加了更多的穷人[32]，产生了城市再利用的新想法。再利用就是社会保存和整修，通过改造、扩建、局部拆迁、维修、装修等方式改善城市各类住宅或历史建筑物，保留特色并提高土地价值。虽然城市再利用的新想法保留了城市活力，但也阻碍了当地经济的发展。

20世纪80年代，致力于经济发展的改造工业区、码头区以作商业、办公等用途的城市再开发开展开来。该时期的政府成立了专职机构，强调政府专职机构和私人部门的合作，实施了大量的大型开发和再开发项目以及示范项目。但同时会更加关注环境的改善。公私伙伴模式广泛应用于城市更新项目[33]。

20世纪90年代，引入可持续发展的概念，城市再开发转为为城市再生。这种方式就是除了改善城市的内部环境外，注重采用合理的方法，采用更全面的形式，来提升城市竞争力实现更快的发展，强调城市问题的综合处理。例如，将战略规划纳入行动，增强区域活动；建筑环境则要求规模适度，保护历史建筑遗产。Fairbanks认为城市更新旨在不断改善待开发地区的社会经济和环境条件，综合协调解决城市问题[34]。

21世纪，城市在衰退中再生，城市更新快速发展，但在某些特定的区域限制整体开发，追求以可持续发展的观念进行城市更新，注重保护历史建筑和环境，强调公益性。建设以私人基金投入为主，部分政府资金为辅，以地方为主，区域为辅相结合的多层次开发计划，鼓励委托第三方参与管理，提升效益。新时代的城市更新更注重质量，而非数量；更注重内涵，而非外表的方式推进城市更新。

二、亚洲的城市更新

1. 韩国

韩国的城市更新始于20世纪60年代后期的快速城市化进程，根据政府战略和参与者的不同共有四个阶段[35]：第一阶段，20世纪50年代的“推土机”时代，大量居民住房被拆迁，但政府又没有采取有效的措施给予安置被迫搬迁的居民。第二阶段，20世纪60和70年代。拆迁安置成为社会的主要矛盾，政府不得不采取相应的解决措施。首先，在满足某些要求的条件下合法修缮房屋；其次，妥善安置被拆迁的家庭。还有诸如原址升级改造、允许自行重建或委托重建等措施。第三阶段，20 世纪 80 年代，一种新的城市更新方式，公私伙伴合作合力推动城市更新。第四阶段，20 世纪 90 年代到现在，城市更新主要以建设和发展社区为重点方向。

2. 日本

日本的城市更新经历了由上而下、到业主与开发商共同合作、再发展到从下而上的城市更新方案制定历程。居民参与改造，政府提供协助及财务支持是日本城市更新的特点之一，改造完成后可以搬回原地区。

1919 年，为应对当时城市化过程中城市扩张与改造所出现的问题，日本颁布了首部《城市规划法》，此时城市规划采用的方法拒绝居民的参与。"二战"后，在 20 世纪 50 年代改革和民主主义兴起的背景下，主要在农村产生了"社区营造"的观念，主张在解决城市问题时，应该集聚居民的关注点，体现居民和公共团体的主体性，强调小范围区域的相关事项，都应该采用组织当地居民参与的方式。在 20 世纪 60 年代，为了实现经济的快速增长，日本政府在全国推动急速的、大规模的城市化政策，这导致资本和人口大量涌向城市，"社区营造"的适用对象也由农村变为城市。1980 年日本修改《城市规划法》，增设了"地区规划"制度。地方公共团体充分运用了该项制度，实际性地推动了"社区营造"的发展。1998 年，日本国会颁布《中心城区域活化法》和《大型零售店选址法》，修订了《城市规划法》，这三部法律内容广泛，统称为"社区营造"三法，其规范的对象不仅仅是城市，还包括以与居民生活紧密联系的地域为单位的"社区"，尤其以"街区"这一最小单位的社区作为起点来营造市民或居民生活和活动的场所，这样能够使居民组织成为"社区营造"中的重要角色。

3. 新加坡

新加坡的城市更新注重建筑遗产文物保护，保护和规划工作由政府机构（URA）负责。虽然新加坡保护了大批建筑文物，但是以建筑历史文物为主题的旅游开发模式受到批评，并被指责失去了社区的真实本性和活力。此外，私人建筑的改造重建由物业业主和商业部门承担。为了促进民营企业参与改造重建，政府制定了两项措施：第一，降低集体销售比例，楼龄 10 年以下的建筑物数量从 100% 下降到 90%，10 年以上的降至 80%；第二，逐渐取消从 1988 年到 2001 年实行的租金管控。

三、中国的城市更新

改革开放前，因为没有很好地实行城市规划导致老城区的规划比较混乱，建筑物拥挤，市政公共基础设施不足，交通状况不理想。改革开放后，有了一定的经济基础，这些问题得到了改善。但是，老城区的改造仍然存在一些比较严重的问题，各种历史积累的矛盾和问题重复出现。

目前，我国进入大规模城市更新阶段。它不仅具有发达国家每个阶段的特点，甚至在一个城市同时具有多个阶段城市更新的特征。因此，中国城市更新的内容形式多样，有整体重建开发、微改造、整饬和保护等。

1. 国内的城市更新

中华人民共和国成立前，传统的手工作业方式占据社会经济的主导地位，商品经济非常落后。国外发达国家进行的工业革命并没有带动中国的发展。中华人民共和国成立后先是长期实行计划经济体制，封闭的、计划分配的经济特征影响了城市的发展。改革开放后，中国慢慢建立市场经济体制，开始了现代化的城市化。

（1）计划经济初期，充分使用旧城区

20 世纪 70 年代之前，历史遗留很多城市问题，加上能源和资源短缺，中国推行计划经济，充分使用旧城区，重点发展重工业，新城区集中建设生产项目。当时的城市更新主要是棚户区和危房的改造，建设最基本的市政设施，以满足居民最基本的需求。

（2）计划经济后期，旧城内旧外新

20 世纪 70 年代后，政府开始建设住宅以解决城市工人住房短缺的问题。当时由于管理体制不完善，经济有限，保护历史文化观念薄弱，旧城的建设项目存在建筑密度高、施工质量差，文物和历史遗址遭到破坏等诸多问题。结合新城区的建设发展，城市出现了旧城周边的建筑质量好、楼层数量多等城市形态。此时的城市更新思路就是改造旧城居住区和恶劣的环境区域，发展建设新城区。然而，由于经济条件有限，城市结构和形式并没有发生质的变化，旧城环境持续恶化。

（3）改革开放后，城市更新蓬勃发展

改革开放以来，随着中国社会主义市场经济体制的逐步建立，经济基础不断夯实，房地产行业蓬勃发展，可供使用的土地资源不断减少，旧城改造得到发展的动力和机遇，城市更新进入一个新的历史时期。

20世纪90年代，随着城市经济实力的增长和房改政策的实行，城市更新的投资方式从“投入型”转向“产业型”。20世纪最后10年，在政府的大力支持和介入下，城市更新以空前的规模展开，城市化迅速发展。政府通过以资金换土地的方式，将土地国有化，再推向市场，财政收入跨越性增长，反过来，再通过拆迁征地，继续将土地国有化，再发展，循环不断。但这种发展模式往往以牺牲生态环境为代价而不可持续。21世纪初至今，城市更新投资模式从依靠财政支持转变为社会资本的参与和支持，形成由政府、企业、合作组织和个人共同参与城市更新的新形势。城市更新的每一步都需要公众的参与，包括相关单位、公民、政府、规划局、专家等。通过公私结合，引入社会资本，同时重视被动迁居民的参与，合理制定城市更新方案。城市更新模式已经变得多样化，城市更新的方式也从急剧爆发转向更稳妥、更谨慎的渐进方式。

2. 中国香港特别行政区

20世纪90年代末，中国香港土地开发公司就估算超过80ha的城市土地需要量。2001年，土地开发公司改名为市区重建局，加快实施城市更新[24]，工作内容主要有四项：第一，通过合理的规划重建失修地区，建设完善的交通设施、其他基础建设及小区设施，从而改善房屋水平及其周边环境；第二，更好地利用和储备闲置土地；第三，加强建筑物的稳定性，改善外部面貌，提高消防安全要求；第四，保护有历史文化价值的建筑物。

为推动市区重建进程，市区建局还推行了五项激励计划，维修贷款计划、装饰材料刺激计划、维修费用报销计划、推动并补贴第三方责任险和优质抵押贷款计划。中国香港政府重视民营企业的投资，认为他们是市区重建的重要力量。但有学者认为现有的城市更新政策未能很好地解决市区重建的问题，建议政府放低门槛吸引民间财团积极参与，如采用差别化的容积率、建筑标准、建筑高度限制。

3. 中国台湾

台湾的城市更新模式与20世纪80年代至2002年的日本东京和韩国首尔相似。台湾当局主要发挥规划、监管及推动作用，由市民及开发商共同参与重建[36]。2008年，台湾当局成立了城市更新发展公司，以翻新和重建最需要翻新但尚未开工的区域，并采用提高地块容积率，增加建筑物密度、补偿企业的管理成本、提供低息贷款和补助的激励政策，吸引开发商参与城市更新。但是，这些措施主要针对小项目和高端住宅，而对公共设施的改善非常有限（表2-1）。

城市更新的发展状况及特征 **表 2-1**

地域	阶段	20 世纪 50 年代	20 世纪 60 年代	20 世纪 70 年代	20 世纪 80 年代	20 世纪 90 年代	21 世纪初	21 世纪 20 年代
国外	方式	城市重建	城市复兴	城市改造	城市再开发	城市再生	衰退下的再生	快速发展
	特征	依据城市总体规划对旧城区进行重建或者扩建，郊区开始发展	上一年代的延续，郊区或者城市周边快速发展，开始尝试修复模式	延续城市周边区域的开发，集中进行原址改造，重点建设住宅项目	开始大规模项目的开发，城市郊区继续开发	强调整体，注重综合效果	在某些特定区域限制整体开发行为	
	主要参与者	国家和地方政府、开发商	公私结合，权力均衡	政府放权，私人主导	政府成立专职机构，社会合伙人制增加	政府专职机构增加，以合伙人制为主	以私人基金为主，强调公益角色	
	资金来源	主要是政府资金，允许一些私人资本参与	政府资金为主，私人投资增加	政府资金节制使用，私人资本加大投入	以私人投资为主，部分政府资金参与	公共、私人和公益资金均衡投资	以私人投资为主，部分政府资金参与	
	社会目标	改善住宅居住	改善社会福利保障	社区的完善	政府资助下的社区完善	发挥社区自治的作用	鼓励第三方参与管理，强调地方自治	
	改善环境方法	增加绿化，改造景观	有选择性的改善景观	用创新手段对环境进行改善	以更多元化的方法升级改善环境	在可持续发展的观念下改善环境	以认可的可持续发展模式进行环境改造	
	改造范畴	局限场地的中小规模开发	开始出现大规模的区域开发	区域和地区同时开发	早期强调具体场地，后期扩展到地方的中小规模的开发	引入战略视角，超大规模的区域开发	以地方为主，区域为辅的多层次开发	
国内	特征	20世纪90年代以前的城市更新是小规模的改造，小范围的重建、加建为主，城市化发展速度缓慢				房地产开发商主导下的大规模城市改造，城市化速度加快	政府主导下的大规模城市改造，强力推进大项目建设，城市化快速发展	在可持续发展模式下，以资源节约为导向的存量改造，例如三旧改造

2.2 城市更新的模式研究

从20世纪70年代至今，大多数西方国家进入后工业时代，城市更新的方式和方法不断发展，也得到很多经验教训。Carmon认为旧城改造可以分为三个时代，根据不同时代的特征和不同的参与者会有不同的实施模式，并结合以色列社区的三个案例，总结每一时代的经验和结论，可为以后城市更新项目借鉴[37]。Adams分析了旧城改造中公私伙伴关系的本质，发现有效利用土地、提高使用价值、改善环境质量、加强网络使用是加快城市发展的有效措施[38]。Booth研究了英国城市更新的演化过程，指出城市更新要重点考虑公私合作模式[39]。Remi运用历史分析和路径依赖方法，研究公共职能管理部门与私营企业之间的合作关系，认为这种关系促进法国历史建筑保护[40]。John从不同角度研究城市更新运动，认为只由一个开发商主导大规模城市规划和改造难以解决复杂的社会和文化等问题，建议采取渐进式的规划和以小规模的改建为主[41]。Lee发现在旧城改造过程中，各利益相关者的利益难以平衡，并建议采用层次分析法评估旧城改造，解决政府和开发商的决策问题[42]。Dale通过深入分析加拿大城市更新项目的实施模式，指出可持续发展和城市更新之间的复杂关系[43]。

中国学者对国内外城市更新模式也有一些研究。张更立指出社区参与和三方伙伴关系的治理模式将是当代英国城市更新的发展方向[44]。董琦研究了英国城市更新机制，指出公私伙伴合作是当代英国城市更新建设活动的一种新型运作方式[45]。刘贵文等从城市更新的合法性、法治性、责任性、参与性、有效性指出我国内地（大陆）与香港、台湾城市更新的差异和相似之处，提出以“善治”方略，推进城市更新可持续发展[46]。王桢桢提出一种基于利益共同体的治理模式，在这种模式下城市更新是一个兼顾公共利益和私人利益的社区集体行为[47]。闫小培提出要建立“政府－村民－开发商”的利益平衡机制，保持城乡信息沟通渠道不受阻碍，形成各种补偿重塑城中村空间改造及功能的多样化[48]。蔚芝炳研究了大规模重建和小规模改造的关系，提出“适当规模，合适尺度”的旧城改造模式[49]。游艳玲认为政策不完善、政府监管不力、开发商的经济驱动性，使城中村改造存在增大容积率、轻视公共基础设施建设、忽视外来者生存需求等风险，有必要制定开发商参与城中村改造的准入机制，监督机制，法律机制和应急机制[50]。刘贵文论述了PPP模式在旧城改造中的可行性和必要性，并提出了政府、私人机构和社区居民联合开发模式的理论基础，组织结构和运作流程[51]。

马珣指出要解决“城中村”问题，找到较好的改造方案，需要政府、开发商、村民以及社会力量共同参与，从管理、制度、规划等各个方面入手[52]。张磊提出新常态下，城市更新治理模式是协调多元利益主体和多维政策目标，一方面，要做到完善法规、政策工具等制度结构；另一方面，提升参与者的参与能力，增强各利益主体之间的互信和沟通[53]。

归纳国内外城市更新的实践，概括起来主要有三种模式：

2.2.1 整体重建型

重建是根据新的城市规划，将原址上的建筑先行拆除，然后重新建设新的建筑，以满足城市发展的需要，可以分为一次性整体拆迁和重建或滚动拆迁。整体重建型也称为原址“以新换旧”。

2.2.2 局部修建型

修建就是保留原主体结构和使用功能，只对部分建筑予以更新、改造或者替换设备，使其能够继续使用。这种方式主要适用于虽已落后但仍可以复原而无需重建的单一建筑物或城市某区域，具有时间较短、成本花费小的特点，是一种较为缓和的方式。

2.2.3 修缮维护型

修缮维护就是针对尚能正常使用的建筑物或城市区域采取恰当的措施，对旧建筑进行整体外立面的整饰和内部装修，使其可以继续使用的一种改造方式。这是一种随着科学技术的进步和人类对城市发展、城市更新以及历史和文化保护的看法的转变而得到推广的最新方法。

2.3 城市更新的效益研究

国外学者对城市更新效益方面的研究比较少。Rothenberg[54]和 Martin[55]等应用效益成本分析法对城市更新项目进行经济评估。Brindley[56]和 Bromley[57]认为城市更新应当重点考虑可持续发展的社会效益。Lee 通过问卷调查确定提高城市更新项目社会可持续性的关键因素[58]。Lee 和 Chan 提出像中国香港这样的高密度城市，要提升生活质量和生活环境质量，旧城改造是一个重要手段，并找出主要影响社会、经济、环境可持续发展的因素，提出旧城改造的效益目标就是满足当代发展的需要，又不损害下一代的利益[42]。

国内学者的研究中，王兰研究了 20 世纪 50 年后，参与美国城市更新的利益相关者之间关系的变化[59]。杨晓兰梳理了伯明翰城市更新的过程，认为城市更新应在城市规划的基础上，尽量使重建区域的建筑物与邻近区域的建筑景观和谐统一，并强调公众参与的重要性[60]。此外，中国有大量的城中村改造，涉及多方利益，是最复杂和最艰难的城市更新活动，因此众多学者从经济学的角度研究城中村利益问题。陈功引入房地产经济学有关理论，从社会、经济、文化、环境和心理五个维度探讨旧城改造“综合效益”分析模式和获取方法[61]。曹堪宏指出城市更新中住宅改造的目的就是改善居民的生活和环境条件，有机统一社会、经济和生态效益[62]。郭娅以武汉市黄鹤楼区块改造为例，分析其特点和存在的问题，对区块内三个社区改造的综合效益进行评价和比较，所得结果与实际相吻合[63]。陈宁认为城市更新就是要调整旧城区的社会结构、更换设施、改善环境、疏散交通以重构建筑物理空间，并指出城市更新应该秉持可持续发展的原则，考虑经济效益，环境效益和社会效益，努力实现综合效益的最大化，片面强调其中之一，势必会对改造效果造成危害[64]。熊向宁认为要实现旧城区的和谐改造，采用的规划手法应坚持从单一走向综合，大力倡导历史文化和城市文脉的延续与传承[65]。赵春容认为市场经济体制下的旧城改造存在多方利益分配矛盾的问题[66]。唐甜研究分析了利益相关者在广州琶洲村改造中的利益分配比例[67]，为政府 21.54%，开发商 30.77%，村集体 26.15%，村民 21.54%。

2.4　城市更新综合评价研究

评价是指根据既定目的确定目标系统属性并将该属性转化为客观定量评估或主观效用的行为[68]。关于评价问题的研究可归纳为两类：一是研究评价指标体系，二是研究综合评价方法。综合评价的对象通常是一个复杂的系统，要正确评价难度比较大，因此评价方法的选择很重要。科学的评价方法是客观评价的基础，因而对综合评价方法的研究具有重要的意义和应用前景。

2.4.1　评价指标研究

城市更新效益评价的理念来自以人为本和可持续发展。因此，城市更新综合效益评价指标体系主要以体现人为本和可持续发展两个影响因素来设置。城市更新的研究属于交叉学科的领域，以城市可持续发展的理念进行城市更新，因此城市更新综合效益评价指标体系的建立和应用中涉及不同学科的理论和方法。通过广泛的文献研究，根据指标体系的学科方向、理论基础、研究重点和研究方法，指标体系的构建主要包括社会发展指标体系、经济发展类指标体系、生态环境类指标体系、系统学类指标体系等。

在国外研究方面，Taig 认为通过咨询专家的方法可以实现收集评价指标的目的，并得到比较满意的答案[69]。Hemphill 结合科学，技术，可识别，灵活和可衡量的原则，基于物质、经济和社会维度，从五个关键绩效类别建立了可持续城市更新评估指标[70]。根据 Hemphill 提出的五类指标并经过修正后，Langstraat 对英国利兹东海岸重建项目的城市更新做了绩效评估[71]。Hemphill 提出了 5 类共 52 项关于可持续城市更新评价指标，并评价了贝尔法斯特、都柏林、巴塞罗那等城市的 6 个案例[72]。Lee 定义了“可持续的城市更新项目”，以中国香港城市更新为例，认为在改造过程中，规划设计应充分考虑城市的可持续发展，提出了 17 个设计指标用于以政府主导的城市更新项目可持续发展评价[73]。Chan 回顾了可持续城市设计的概念，从文献和城市设计指南中总结出实现可持续城市发展的六项原则，通过问卷调查了建筑师，规划师，房地产经纪人和当地居民，确定了有助于城市更新项目可持续发展的关键因素[74]。通过因子分析得出社会福利、和谐生活环境、便利的生活设施、节约资源、环境保护、发展模式以及开放空间的可达性是促进城市更新项目社会可持续发展最重要的潜在因素，用层次分析法（AHP）对城市更新项目进行了评价[42]。Colantonio 通过研究案例，总结得出欧洲城市更新的社会可持续评估框架，包括人口变化、教育、文化、就业、健康、安全、住房、环境、参与许可、社会资本、社会凝聚力、福利保障、生活质量等[75]。Shen 归纳了一些机构组织和研究学者提出的城市可持续发展指标，分为 37 类 115 个指标，将其命名为“国际城市可持续发展指标清单”，从社会、经济、环境和治理四个维度反映城市的可持续发展[76]。Singh 研究了可持续评估工作使用的指标体系，总结出 12 个类别和 60 种指标用于不同维度的可持续性评估[77]。

在国内研究方面，郭娅采用层次分析法，构建了基于社会、经济、生态、环境、技术等维度的小规模旧城改造评价指标体系，包括 8 个经济指标、7 个社会指标和 5 个环境指标[63]。龙腾飞构建了城市更新可持续发展评估机制和评估指标体系，主要有经济，环境和社会三个子系统，包括 14 个经济指标，8 个环境指标和 19 个社会指标，共有 28 个定量指标，13 个定性指标[78]。在分析不同改造项目特点的基础上，结合旧城改造的特点，李俊杰从社会和居民角度建立了社会评价指标体系，其中居民满意度有 18 个评价指标，社会和谐度共有 9 个评价指标[79]。尹波认为确定现有建筑物的综合整治主要评估建筑改造、结构改造、供暖和空调改造、给排水改造和电气自控改造五大方面，体现了安全性，耐用性，绿色性，经济性和室内环境质量，并构建了涵盖上述五大方面 15 个指标的既有建筑综合改造评价指标体系[80]。应奋认为，旧城改造是一个与城市经济和社会文化发展相关的综合性问题，从经济、社会和环境三方面构建了一个涵盖 9 个评价指标的社区改造现状评价体系[81]。邓堪强通过问卷调查获得 26 个具有代表性的城市更新可持续性评价指标，通过主成分分析，找出不同城市更新模式的评价指标体系，并构建评价层次模型[82]。申菊香从环境，生命，安全三个子系统建立了宜居城市可持续发展评价体系。39 个硬指标和 11 个软指标反映了城市建设的宜居程度，并在评价体系的基础上，提出了岳阳市可持续发展的相关建议[83]。雷霆针对以广东省作为试点开展实施的“三旧”改造规划，通过对广东省高州市“三旧”改造的深入研究分析，提出了构建“三旧”改造评价指标体系框架，包括改造实施后对土地集约利用提升程度的评价指标体系和对社会、经济以及生态效益的影响评价指标体系[84]。赵律相以吴川市旧村庄改造为例，在建立旧村庄改造指标体系与方法的基础上，采用综合指数评价方法，对各乡镇旧村庄的改造进行了潜力评价研究[85]。刘航认为旧城改造项目的综合评价包括经济评价和社会影响评价，其中经济效益评价指标有 13 个，社会效益评价指标有 29 个[86]。刘婧婧借鉴国内外学者的研究方法并结合调查数据，提出了涵盖 34 个影响因子的旧城改造综合评价指标群，利用主成分分析用于找出经济、环境和社会效益的主要组成因子，简化指标体系中的因子，削弱因子之间的相关性，使最终评价指标体系更加精简[87]。刘景矿指出“三旧”改造应以政府效益、村民效益和开发商效益的协调统一为目标。基于可持续发展视角，构建了“三旧”改造的综合效益评价框架，包括经济效益、环境效益、社会效益三个方面 8 个评价指标的综合评价体系[88]。

2.4.2　综合评价研究

综合评价（Comprehensive Evaluation，CE）是指对具有多属性结构的对象系统的整体评价[89]，即根据给定的条件，使用评估方法给评估对象一个评估值，然后排序。由于影响 CE 的因素很多，CE 的对象往往是一些复杂的系统，如社会，经济、环境、教育、技术和管理等。因此，Pottebaum 认为 CE 是一个复杂的问题，并指出构成 CE 的基本要素是评价对象、评价指标体系、评价组（专家）、评价原则、评价模型、评价环境[90]。一旦确定了相应的综合评价体系，根据评价原则，它就成为综合评价问题的“测定”和“度量”的问题。

国外的研究人员对城市更新的综合评价主要是与可持续发展有关。Hemphill 强调城市更新应具有兼容性和可持续性，同时强调城市政策的变化应考虑可持续发展，提出了城市更新评价模型的层次结构，利用德尔菲法和多重准则对城市更新可持续进行分析，并建立带有相对权重的关键指标体系[91]。Cheung 在走访了中国香港 7 个区的 876 户居民后，得出环境质量会对人们的生活质量产生积极影响的结论，建议城市更新的可持续评价要重点关注环境质量[92]。Lee 从经济、社会、环境效益三个维度建立了可持续发展城市更新项目评价模型，采用层次分析法，找出各个指标的相对重要性，有效地评估城市更新项目的可持续发展水平[58]。Syed 将基于模糊逻辑的人工智能技术运用于城市更新可持续发展的环境影响评估模型中[93]。

对综合评价，我国学者致力于用不同的评价方法解决旧城改造存在的不同问题。陈功经过实地调查，综合分析历史文化、政治政策和居民需求的影响，阐述了旧城改造的内涵，利用预期回报率模型研究综合效益内部的关系[61]。徐建华比较了不同参与者在广州和中国香港旧城改造中的参与模式及其作用，并认为中国香港成立独立的市区重建局值得学习，动员居民参与市区重建工作[94]。郭娅研究了旧城改造的现状后提出了基于层次分析法的综合评价模型[63]。龙腾飞基于城市更新可持续评价机制构建了网络层次—模糊综合评价模型（ANP-FCE），结合实际案例，评估城市更新的可持续发展水平[78]。靳红霞运用因子分析法建立了旧城改造项目综合评价模型，并使用聚类分析法比对该评价模型的结果[95]。李俊杰采用模糊综合评价模型对旧城改造项目的社会影响进行综合评价，并研究了评价因子的相关性和评价模型的效用性[79]。尹波使用模糊综合评价方法解决了复杂评价系统中难以量化评价指标的问题[80]。应奋运用基于 SPA 的评价模型，综合评价了城市更新项目的综合效益，以三个社区案例作示范，阐述选择最优改造项目的理论依据[81]。

2.4.3 评价方法研究

综合评价的方法有很多种，各有优缺点。根据不同的出发点和应用对象，解决问题的思路也不同。一般来说，国内外常用的综合评价方法可分为专家评价法、经济分析法、运筹学等数学方法[96]。

一、专家评价法

这是一种基于专家主观判断评价对象的方法，使用“得分”“评论”“指数”“序数”等作为评价标准。评分法、分等法和优序法等是常用的方法，这些方法相对简单易用，应用广泛，可用于科研生产力评价，企业经济效益评估等。

二、经济分析法

这是一种使用预先选择的综合经济指标评价不同对象的方法。常用的有直接给出综合经济指标的计算公式或模型法[96]、成本效益分析法[97]等。这类方法常用于新产品开发、科技成果和经济效益评价、区域经济失衡发展程度及投资项目的各种评价等。

三、运筹学和其他数学方法

这类方法需要运用比较多的数学知识，目前用得较多的有以下几类：

1. 多目标决策方法

近年来，随着计算机的广泛应用，人工智能、知识工程和专家系统的迅速发展，多目标决策方法和理论的研究有了很大的发展，并与决策支持系统的研究与开发一起促进了管理决策科学化的进程，已在社会、经济和工程等领域得到了广泛的应用。多目标决策方法可分为以下几种[96]：（1）化多为少法：将多目标合成一个综合目标，通过多种方法进行评估，经常与加权和方法，加权平方和法，乘法和除法；（2）分层序列法：所有目标按重要顺序排列，优先考虑最重要；（3）重排次序法，例如 ELECTRE 法；（4）直接寻求所有非劣解决方案等。

2. 数据包络分析方法

DEA 方法[98]是一种非参数经济估计方法，最早由 Charnes A. 和 Cooper W.W. 于 1978 年在美国提出，用于评价多输入和多输出“决策单元”的相对有效性。DEA 方法应用广泛，可用于多方案间的技术评估、有效性评价、报酬优势评价及企业效益评价等。

3. 层次分析法

20 世纪 70 年代，著名运筹学家 T.L.Saaty 提出 AHP 的概念[99]。其基本原理是基于具有层次结构的总目标、子目标、约束等来评估对象，具体是用两两比较的方法建立判断矩阵，求解最大特征值和对应的特征向量，最后求出权重，并综合各级目标的权重（重要性）。该方法是定量和定性结合的工具，已应用于教育规划、油价规划、效益成本决策和资源配置等领域。

4. 模糊综合评价方法

这种方法是一种用于具有模糊特征对象的评价方法，可以较好地解决综合评价中的模糊性问题（如事物之间的不清晰，专家的模糊性评价等）。由于其易于使用和考虑不确定性，是比较流行的方法之一，在经济、环境、社会、医疗、管理等领域得到了广泛的应用[100-102]。

5. 数理统计方法

数理统计方法[103]主要采用因子分析，主成分分析，判别分析，聚类分析等方法对某些对象进行分类和评价。这类方法已应用于经济效益、社会发展和环境质量等综合评价方面。

根据不同评价方法的优缺点和适用范围，对常用的评价方法进行分类，见表 2-2。

综合评价方法汇总 **表 2-2**

类别	名称	描述	优点	缺点	适用范围
1.定性评价方法	专家会议法	组织专家面对面讨论交流，形成评价结果	简单易操作，利用专家的专业知识，结论易于使用	突出主观意识，多人评价时难以得出一致结论	简单的小系统，难以量化的大系统，决策分析对象
	Delphi 法	征询专家意见，用问卷调查收集评价、汇总			
2.技术经济分析方法	经济分析法	成本效益分析、价值分析、价值功能分析，使用NPV、IRR和其他指标	含义明确，可比性强	模型的建立有难度，适合评价因素较少的对象	评估大中型投资建设项目，评价企业新产品开发效益等
	技术评价法	可行性分析、可靠性评价等			
3.属性决策方法	多属性多目标决策方法	评价和排序可以通过化繁为简、减少层次序列、重排次序、直接寻找非劣解决方案来完成	可以处理多指标、动态的对象，对对象的描述比较全面	刚性评价，难以涉及有模糊因素的对象	优化评价与决策，应用广泛
4.运筹学方法	数据包络分析方法	基于相对效率，按照多指标的输入和输出，评价相同类型对象的相对有效性	评价多输入多输出系统，“窗口”技术可用于找到薄弱环节并改进	只反映评价对象的相对发展指标，不能表示实际发展水平	评估经济学中生产函数的技术、规模效益，行业效益评估等

续表

<table>
<tr><th>类别</th><th>名称</th><th>描述</th><th>优点</th><th>缺点</th><th>适用范围</th></tr>
<tr><td rowspan="4">5.统计分析方法</td><td>判别分析</td><td>计算指标的距离并确定它们所属的主体</td><td rowspan="2">可以解决相关程度大的评价对象</td><td rowspan="2">需要大量的统计数据，没有反映客观发展水平</td><td>主体结构的选择，经济效益综合评价</td></tr>
<tr><td>聚类分析</td><td>计算对象或指标间距离，或者相似系数，进行系统聚类</td><td>区域发展水平评估，组合投资选择</td></tr>
<tr><td>因子分析</td><td>根据因子相关性的大小对变量进行分组，同组内的变量是相关</td><td rowspan="2">全面性，可比性，客观合理性</td><td rowspan="2">因子加载符号可互相使用，功能含义不明确，需要大量统计数据，不能反映客观的发展水平</td><td>反映评估对象的依赖性，并用于分类</td></tr>
<tr><td>主成分分析</td><td>相关的变量间存在着共同因子，研究原始变量相关性矩阵，找出几个不相关的综合指标，线性组合表示原来变量</td><td>对评价对象进行分类</td></tr>
<tr><td rowspan="3">6.系统工程方法</td><td>层次分析法</td><td>对具有多层结构的系统，判断矩阵由变量之间的成对比较确定，对应特征根的特征向量可用作合成权重</td><td>可靠性相对较高，误差较小</td><td>评价对象的因素不能太多（一般不多于9个）</td><td>资源分配次序、成本-效益决策分析等</td></tr>
<tr><td>评分法</td><td>评估、分类和处理评价对象</td><td rowspan="2">操作简单</td><td rowspan="2">只用于静态评价</td><td rowspan="2">新产品开发计划和结果，交通系统安全评估等</td></tr>
<tr><td>关联矩阵法</td><td>确定评价对象与权重，评价各替代方案，确定价值量</td></tr>
<tr><td rowspan="3">7.模糊数学方法</td><td>模糊综合评价</td><td rowspan="3">引入隶属函数，实现将人们主观判断变换为特定系数（模糊判断矩阵），确定域上评价指标的属性值的隶属度，并量化约束条件，进行数学表示</td><td rowspan="3">克服传统数学方法“唯一解决方案”的缺点。通过可扩展性，基于多种可能性解决多级问题</td><td rowspan="3">无法解决评估指标因具有相关性导致信息重复的问题，需进一步研究隶属度函数、模糊相关矩阵</td><td rowspan="3">消费者偏好识别、银行项目贷款对象识别、证券投资分析等，应用领域广泛</td></tr>
<tr><td>模糊积分法</td></tr>
<tr><td>模糊模式识别</td></tr>
</table>

续表

类别	名称	描述	优点	缺点	适用范围
8.对话式评价方法	Geoffrion 法	使用单目标线性规划法来解决问题，分析师告诉决策者每个步骤的结果。如果结果令人满意则迭代停止，否则根据决策者意见进行修改重新计算直到满意为止	人机对话的基础性思想，体现柔性化管	没有定量表示决策者的偏好	各种评价对象
	序贯解法（SEMOP）				
	逐步法（STEM）				
9.智能化评价方法	基于 BP 人工神经网络的评价	人工神经网络技术，模拟人脑智能过程，通过BP算法获取知识，将其存储在神经元的权重中，并通过关联再现相关信息。能够优化评估对象本身的客观规律，评价相同属性的对象	网络具有自适应性，容错性，能够处理非线性，非局部和非凸性的大型复杂系统	准确性不够高，需要大量的训练样本等	应用领域不断扩大，可用于城市发展综合水平评价、股票价格的评估、银行贷款项目等

2.5 文献评述及研究趋势分析

2.5.1 文献评述

根据上述国内外对城市更新相关研究的综述，其研究成果非常丰富。相对国外的城市更新，中国的城市更新发展处于起步阶段，相关研究也相对滞后，理论研究和实践应用不够充分。目前，我国处于现代与传统并存的新时代，我们需要根据实际国情和文化特点，探索出具有中国特色的可持续发展城市更新。随着社会可持续理论的发展，民众开始倡导城市更新的可持续性发展理念，学者们的研究开始转向基于可持续理论建立评价模型，对城市更新项目进行评价。但现有研究的局限性主要体现在以下几个方面：

一、研究层面的局限性

目前的研究绝大多数停留在城市更新模式的研究层面上，而对于真正能够使城市更新的目标落到实处的研究较少，尤其是对于社会经济的各方面存在着显著影响和对其他项目起着重要示范和带动作用的城市更新项目的综合效益没有进行相应的充分研究。

二、研究维度的局限性

纵观当前的研究成果，大多数研究侧重于技术，经济分析和论证。将经济效益最大化作为城市更新的单一评价目标。即使是城市更新的可持续性研究仍然使用早期三个维度模型作为研究的基础，即从社会、经济和环境三个维度来分析城市更新可持续性。实际上，随着城市的发展和城市更新多元化方式，城市更新涉及的利益相关者众多，以人为本的城市更新观念愈发重视，因此，对综合效益的研究也应该与时俱进，增加利益相关者，尤其是核心利益相关者等研究维度，可以更全面的评价城市更新的综合效益。

三、研究方法的局限性

在对国内外已有相关研究方法归纳总结的基础上，发现目前对于城市更新效益的研究基本以定性研究为主，对于评价数据的收集，通常是用问卷的研究方法，获得相关专家的打分和判断，以获得研究结果。研究方法单一，缺少集成运用并简化评价模型的方法。

四、研究范围的局限性

在研究项目效益的少数文献中，大多数是在项目完成和使用后进行后评估。这种研究的范围不够全面，无法涵盖项目前期的研究和分析，也无法动态评价和管理每个阶段的效益。事实上，一个城市更新项目的实施需要前期的规划和项目进行过程中的控制、纠偏，这使得研究在整个生命周期中对城市更新的综合效益进行动态管理势在必行。

五、研究视角的局限性

在阅读和整理文献的过程中，发现尽管研究人员已经认识到改善城市更新可持续发展的必要性和紧迫性，但目前的研究主要集中在可持续性评估上。很少有研究针对影响可持续发展绩效的关键因素，以及如何通过管理实现可持续城市更新的关键因素来提高城市更新的综合效益，并对这种改善进行验证。研究综合效益的真正目的是实现可持续发展，这就要求研究者把研究视角从对可持续性的评价扩展到对其进行改善。

2.5.2 研究趋势分析

根据存在的问题，对未来的研究趋势做出以下分析。

一、城市更新模式的研究

国内外学者对城市更新模式的研究成果是比较丰富的，但是无论是整体拆除重建，还是保护修缮的局部修建都是从建设方式的视角进行研究。基于模式研究成果丰硕，但对城市更新顺利推进的指导意义却在减弱，寻找原因，发现从利益相关者视角的研究很少，没有很好的理清参与城市更新主要核心利益相关者的关系。因此，基于利益相关者的城市更新模式的研究需要进一步加强。

二、综合效益的影响因素研究

快速发展的城市化带动城市更新迅速开展，但推进速度却非常缓慢，原因是影响城市更新的因素越来越多，而且越来越复杂。借鉴国内外的研究案例和评价指标研究，综合考虑中国国情，对影响城市更新综合效益的各种因素，特别是人为因素进行剖析，研究既具有代表性和独立性，又能系统性的评价综合效益的影响因素是未来研究的必然。

三、评价方法的研究

对一些无法用数据进行定量研究的维度，除了采取定性分析的研究方法外，还可以通过社会问卷调研收集数据，转化为数理统计分析进行研究的方法。为了避免主观判断对评价结果产生较大的偏差，使评价成果更加可信，采用基于组合方法集的研究方法是未来评价方法运用的趋势。

四、综合效益研究

目前国外对效益的研究比较少，但反映效益成果的可持续发展研究却比较多，集中在社会、经济、生态、文化等方面。国内的效益研究多集中在单一的效益分析，综合效益比较少。除了反映可持续发展的社会、经济和环境方面，未来需要结合实际情况，研究从利益相关者角度对综合效益的影响，这将会更全面反映出城市更新的综合效益。

2.6 本章小结

本章主要从城市更新的发展状况、演化历程、实践，城市更新的模式、综合效益评价方法、评价模型等对国内外已有的研究成果进行梳理、归纳，见表2-3。总体上，国外缺少对城市更新综合效益研究，而国内的研究尚不够丰富。据此提出本书尚要研究的重点：（1）探寻基于利益相关者视角的城市更新模式；（2）对影响城市更新综合效益的关键因素进行辨识和细致描述，构建评价指标体系；（3）多种研究方法结合使用，构建评价模型和计算模型；（4）结合案例剖析进行总结归纳和分析。

国内外有关城市更新研究的特点　　表 2-3

		国外	国内
发展状况	演化历程	主要通过以城市规划为导则，从市区到郊区的重建、扩建各种方式的城市更新研究，到强调整体，追求综合效果的开发	从小范围的改建、重建、加建为主，到以房地产商为主导的大规模改造，改变为以政府为主导的大规模城市更新，最后合作共同开发
	目标研究	考虑人居环境的提升、社会福利的保障、公众的参与、社区的自治	追求经济发展，忽略社会人文文化的延续，缺乏综合目标的实现
	发展趋势研究	强调历史文化传承的可持续发展研究	强调资源节约的可持续发展研究
模式研究		以政府主导，到公私结合的合作开发，再到以社会资本为主	从小规模的改造，到大规模拆除重建的粗放式改造，再到存量改造
效益研究		相关研究较少，少量的评估城市更新项目的经济可行性	研究经济效益和社会效益为主，较少研究综合效益
综合评价	评价指标	研究成果比较丰富，有UN、CSD等多家权威机构研究的可持续发展指标研究，也有学者研究归纳的涵盖社会、生态、经济、文化等的评价指标体系	国家层面上，有住建部、科技部研究发布的城市发展指标，也有学者研究的指标，主要以社会、环境评价指标为主
	评价方法	评价理论和评价方法较多，但针对性的研究较少	针对不同问题用不同的方法，选择评价方法时没有一个准则可供参考
	评价模型	集成的评价模型，多种方法结合使用	层次分析法（AHP）等简单评价模型运用较多，集成的评价模型较少
成功		研究比较全面，评价指标比较多，考虑的评价维度视角较宽广	定性研究和政策研究比较多，宏观上指引城市更新的发展方向
不足		宏观上，国家政策方面的研究比较少，效益研究维度不够，从利益相关者角度研究的成果很少，缺少计算方法的研究	集成的评价方法和模型比较少，评价指标缺乏地区适用性，从利益相关者视角深入研究的成果很少，综合效益研究的维度不够多

第3章　城市更新利益相关者的博弈分析

城市更新涉及多个利益相关群体，是一项利益相关群体利益不断调整的系统工程。由于拥有行政权力，政府成为促进城市更新的协调者。作为被改造物业的拥有者，居民采取各种策略保护和争取自身原有的利益。开发商的介入提供了充足的改造资金，也弥补了居民在专业和运营上综合能力不强的缺点。如何协调各方利益，实现双赢，是城市更新顺利推进和最终成功的关键。本章基于利益相关者理论，选择政府、居民、开发商作为城市更新核心利益相关者，客观分析三方的利益格局，并运用经济学中的博弈理论，构建利益三方在城市更新决策中的博弈模型，分析利益协调过程，尝试从静态博弈与动态博弈相结合的角度研究利益相关者的行为策略，求解博弈均衡点，找出基于利益相关者的城市更新模式，并结合广州城市更新实例，验证本书构建模型的实用性。

3.1　城市更新利益相关者分析

3.1.1　利益相关主体的概念

利益相关者是指受某种协议影响而产生积极或消极联系的个人、群体或单位。对解决利益冲突和管理等问题具有重要意义的利益相关者分析方法是发展领域比较流行的一种分析工具[104]。由于利益相关者具有互相联系和牵制的影响，在他们各自选择策略行为时要充分考虑其他人的意见。但各利益相关者的教育背景、成长环境和思考方式等不尽相同，导致利益相关者的意见和建议也各有特色，其中某一群体会比另一群体更有影响力时，意见分歧会更大。如何平衡各方利益是制定方案时需要重点考虑的关键问题。

3.1.2　城市更新核心利益相关者分析

任何建设项目都涉及不同的利益相关群体，主要有政府、原居民、开发商、业主、金融机构、研究机构、供应商、社会群众、咨询单位、设计单位、监理单位、建筑公司等。根据不同利益相关者对城市更新的热情，满足利益要求的紧迫性，以及对整个城市更新活动的重要性所表现的特征差异，可分为核心和次要利益相关者[105, 106]。本书将政府、动迁居民和开发商视为城市更新的核心利益主体，城市更新顺利进行的关键是实现三方利益的平衡，见图 3-1。

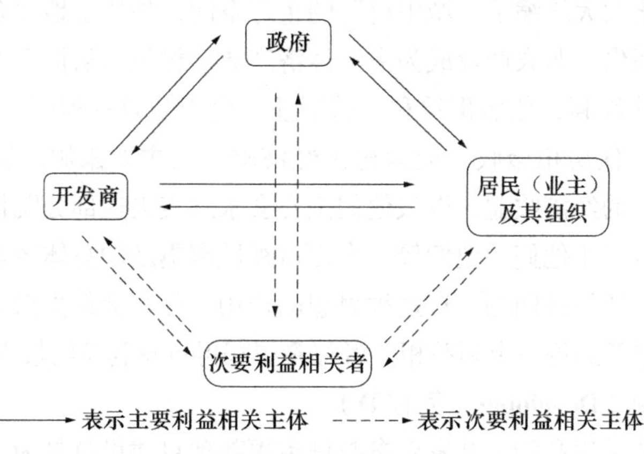

图 3-1　城市更新利益相关主体关系图

一、政府（Government，简称 G）

区别其他一般经济组织，政府组织具有强制性的特点，拥有法律赋予的强制权力，可以直接制定发展目标和体现国家利益。作为城市的国家权威管理机构，政府是公共利益的代表，代表人民管理城市，实现社会利益。基于城市化的要求和创造良好的城市发展环境的出发点，政府需要进行城市更新消除旧城区的各种矛盾和问题，促进经济的发展，实现社会利益的公平分配。

从某种意义上来说，政府组织也是一种经济组织，有自己的经济利益诉求，在追求政绩和“GDP 情结”的支配下，政府有意识或无意识采取一些策略实现自身的利益，这不可避免地会影响公共利益或者损害居民的利益[107]。例如中国的土地使用制度，它强制规定非国有土地（如城中村集体所有土地）必须经国家征收后，成为国有土地才能进入土地市场进行流转。这个过程中，部分或全部土地出让金变成政府的经济收益，成为政府财政收入的主要来源。因此，在中国的城市更新中，特别是在中国存在大量的城中村改造中，政府利用权力制定相关政策引导并管理市场以保证自身的利益。

二、居民（被动迁居民或村民的总称）（Resident，简称 R）

城乡二元结构体制是城市与城市中的“农村”产生差别的原因，因为城市中的“农民”在社会保障、教育、就业等方面相比城市的居民是处于较低水平的。因此，“城市农民”也有一个梦想就是真正融入城市，成为真正的城市居民。从这个意义上来说，多数“城市农民”是渴望改造城中村，改变他们的身份，实现他们的梦想[108]。

现代城市化大大压缩了“城中村”的生存空间，集体土地逐渐减少，传统的农业已经慢慢消失，非农产业成为主流经济产业。村民们从依靠农业物种的收入转变为依靠集体红利，住房租赁和自营职业。由于受教育程度差，文化素质低，收入能力不强，住房租金收入成为村民经济收入的主要来源。城市更新势必在短期内影响村民的经济收益，以致他们担心会永远丧失这部分既得利益，房产升值的红利将不再属于他们。他们较少全面审视城市更新的总体效益，更多考虑的是自己利益和生活保证问题。在这种思想的作用下往往会催生抵制城市更新的情绪。参与城市更新的每一个利益相关者都希望获得自身利益的最大化。

三、开发商（Developer，简称 D）

企业的本性是逐利的，开发商参与城市更新项目建设就是为了获取回报。同时城市更新涉及面广，影响大，也是企业树立品牌和形象的良好契机。

城市更新是一项综合性很强的复杂系统工程，需要投入大量的人力物力，而且建设周期一般也较长。一方面，开发商希望通过开发城市稀缺的土地获取经济效益，并提升企业品牌和形象；另一方面，又害怕涉及拆迁工作，利益矛盾复杂多变的开发方式和改造建设牵扯较多不确定因素，也存在难以克服的系统风险（金融、土地等相关政策）等，这些都是开发商必需权衡清楚的问题。在城市更新中，开发商凭借雄厚的资金实力和专业运营能力作为筹码和政府进行博弈，希望政府提供更多的优惠政策，获取最大的利益。

3.2 博弈理论

自20世纪80年代开始，中国学者对博弈论的理论和应用做了许多卓有成效的研究工作。如今博弈论已广泛应用到各行业的行为关系研究。但学者们对博弈机制的研究主要集中在静态博弈分析、二元博弈分析，这难以全面客观地反映多维利益相关主体的行为变化机理及过程。如何协调好城市更新各方利益并实现共赢，需要对各利益相关主体进行静态和动态博弈分析，寻找利益平衡点，并找出可供选择的城市更新模式。

3. 2. 1　博弈论的概念

经济学中的博弈论是指两个或多个经济主体的决策受到对方相互影响时的决策选择和均衡问题。因此博弈论又称“对策论”，是博弈各方之间的策略选择和竞争。所谓博弈就是指在一定的约束条件下，根据博弈方所掌握的信息，按先后次序选择各自可能的策略行为，从中获得收益的过程[109]。

3. 2. 2　博弈论的构成要素

参与人、信息、策略、行为、次序、收益、结果和均衡，是一个标准博弈模型所要具备的基本要素[110]。

一、参与人（博弈方）

是指在博弈中以实现最大化利益来选择策略行动并承担后果的决策主体。博弈方主要有三个:（1）政府。他是城市更新的推动者和协调者。根据城市发展的需要，政府首先选择行动策略，继而影响其他参与人的策略选择；（2）居民。拥有被改造物业的集体或个体的简称，包括由居民组成的居委会或者由村民组成的村集体。他们代表居民或村民的集体利益;（3）开发商。参与城市更新的社会资本方具有项目专业开发和运营能力。通过参与城市更新，开发商的收入预计将高于社会平均利润率。为简单起见，租用民宅的流动人口和承租经营者群体不作为博弈方。

二、关于信息结构的假设

虽然政府、居民和开发商之间存在或多或少的信息不对称，例如对建设成本和监管信息的了解，但付出一定的成本后，彼此的信息还是可以掌握的。为便于分析，我们假设本书构建的博弈模型是基于对称的信息，是完全信息博弈。

三、策略和行为

参与人可能选择的策略或行为集合称为博弈策略，即在什么条件下选择什么样的策略能确保参与的最大利益。用 GT 表示一个标准博弈，如 GT 有 n 个参与人，则每个参与人选择可能的策略集合称为“策略组合”，用 S_i，…，S_n 表示，$S_{ij} \in S_i$ 表示策略变量，即 i 第参与人的第 j 个策略。

四、收益

参与方在博弈中做出决策后的收益或损失。用 U 表示博弈方的收益，它是各博弈方策略行为的多元函数 $U_i = U_i\{S_i, \cdots, S_n\}$。因此，$n$ 个博弈方的博弈可

用 $GT=\{S_i,\ \cdots,\ S_n;U_i,\ \cdots,\ U_n\}$ 表示。

五、次序

博弈方做出策略选择的顺序。当有多个参与者做出决策时，每个参与者的决策通常都是有先后次序。政府首先做出决策是否推动某个城市更新项目，选择直接主导改造还是提供相关的政策，然后居民采取支持或不支持的策略行为，开发商根据最大化利益的原则选择参与或不参与。每个参与人都有博弈问题，其中策略和利益相互依赖于彼此的选择行动，是一个动态博弈。

六、结果和均衡

博弈模型建立后，进行博弈均衡分析，寻找博弈解。根据城市更新的实际情况，采用以下两种博弈法来求解博弈结果。

1. 纳什均衡

它是一种各博弈方都能接受的策略组合。博弈模型可用得益矩阵表示，用画线法或箭头法求博弈解。纳什均衡的定义如下：在博弈 $GT=\{S_i,\ \cdots,\ S_n;U_i,\cdots,U_n\}$ 中，如果策略组合（$S_i,\cdots,S_n$）中任意博弈方的策略（$S_i,\cdots,S_{i-1},S_{i+1},\cdots,S_n$）都是对其余博弈方的策略组合的最佳对策，也就是 $U_i=U_i\{S_i,\cdots,S_{i-1},\ S_{i+1},\ \cdots,\ S_n\}\geqslant U_{ij}=U_{ij}\{S_i,\ \cdots,\ S_{i-1},\ S_{ij},\ S_{i+1},\ \cdots,\ S_n\}$ 对任意 $S_{ij}\in S_i$ 都成立，则称（$S_i,\cdots,S_n$）为 $G=\{S_i,\cdots,S_n;U_i,\cdots,U_n\}$ 的一个“纳什均衡”（NE）。

2. 逆向归纳法

这是博弈均衡分析的基本方法，也是从动态博弈模型的最后阶段逐步推进求解动态博弈的一种方法。它将多阶段动态博弈分解为一系列单阶段静态博弈，再确定单阶段各个博弈方的策略选择，最后组合动态博弈结果，包括博弈方策略和收益。

3.3 城市更新博弈模型的构建与分析

政府、居民和开发商在参与城市更新的过程中，根据自身的期望收益跟利益相关方进行博弈。实际操作中，政府往往为了减轻自身的财政负担，会提供优惠政策，吸引开发商参与城市更新，确保有充足的资金用于城市更新改造，但提供优惠政策需要控制在一定的范围之内。如果政府、居民和开发商同时参与城市更新，政府如何合理把握监管的“度”，即充分考虑政府监管的成本和收益，制定科学的管理制度，同时，居民为了维护自身的权益，也会对开发商进行严格监督，从而实现政府、居民和开发商三方博弈均衡，形成各方共赢局面，这是值得深入分析的问题。基于此，结合文献研究[111～114]，本节提出以下假设：

H1：政府在推动城市更新的过程中，提供优惠政策的概率与行业平均利润负相关。

H2：在城市更新项目的监管过程中，居民严格监督的概率与政府付出成本、开发商违规受罚成本正相关，与政府严格监管开发商付出的成本负相关。

H3：在城市更新项目的监管过程中，开发商违规改造的概率与居民严格监督的成本正相关。

H4：在城市更新项目的监管过程中，政府严格监管的概率与开发商违规改造获得额外利润正相关。

本节将结合城市更新项目的特点，构建政府、居民和开发商之间的静态博弈模型，推导出博弈均衡点，验证以上假设。

3.3.1　两两静态博弈

一、政府与居民的博弈分析

主要围绕两个层次[106,111]进行博弈：一是是否推进城市更新，二是改造标准。

1. 是否推进城市更新的博弈

根据城市发展的需要、改造的紧迫性、财政能力，政府的行动策略有｛推进｝和｛不推进｝，居民的对应策略则为｛支持｝和｛不支持｝。为建立博弈模型，设置以下参数：

G_1：政府顺利推进城市更新所获得的收益，包括社会的和谐稳定、土地收益、税收和环境改善等。

H_g：政府独立承担城市更新支出的成本，包括拆迁安置补偿、社会福利等支出。

H_{g1}：当居民不支持时，政府强行推进城市更新给政府增加的成本。

H_{g2}：当居民不支持时，政府不推进城市更新时，政府因城市环境恶劣、社会治安差所消耗的成本。

G_2：在居民支持的情况下，政府选择不改造的收益。这种情况下政府获得的收益比较小，因此假设 $G_2 < G_1 - H_g$。

R_1：居民不支持城市更新的收益（主要是原有的收益，如土地及房屋出租收益等）。

R_b：居民支持城市更新所获得的补偿费用（例如安置费、拆迁补偿费等）。

R_m：居民在城市更新完成后所获得的收益（例如房屋的租金、集体经济的分红、居住环境的改善以及社会保障、福利待遇的提升等）。

H_r：居民独立推进城市更新所需要的成本费用。

根据以上设定，政府与居民关于是否推进城市更新的博弈模型见表 3-1。

政府与居民关于是否推进城市更新博弈的收益矩阵　　表 3-1

居民＼政府	推进	不推进
支持	$R_b + R_m - R_1$，$G_1 - H_g$	$R_m - R_1 - H_r$，G_2
不支持	R_1，$G_1 - H_g - H_{g1}$	R_1，H_{g2}

在是否推进城市更新的两次博弈过程中，政府与居民选择的博弈策略有 4 种组合，可用画线法确定模型的纳什均衡点：

（1）当政府选择｛推进｝的策略，居民选择｛支持｝时，政府收益为 $U_{g1} = G_1 - H_g$；

（2）当政府选择｛不推进｝策略，居民选择｛不支持｝时，政府收益为 $U_{g2} = H_{g2}$；

（3）当政府选择｛推进｝策略时，居民可选择的策略有｛支持｝和｛不支持｝。如果 $R_b + R_m - R_1 > R_1$，居民会选择策略｛支持｝，反之，居民会选择｛不支持｝策略；

（4）当政府选择｛不推进｝策略时，居民可选择的策略也有｛支持｝和｛不支持｝。如果 $R_m - R_1 - H_r > R_1$，居民会选择｛支持｝策略，反之，居民会选择｛不支持｝策略。

我们得出两个纳什均衡点，即（推进，支持），其成立的条件是 $R_b + R_m > 2R_1$；（不推进，不支持），其成立的条件是 $R_m - H_r < 2R_1$。R_b、R_m 和 R_1 值可以在实际当中具体量化，因此，政府与居民关于是否推进城市更新的博弈均衡重点在于 R_b 和 R_m，即居民支持城市更新获得补偿费用的高低和完成城市更新之后居民获得的收益，前者是政府推进城市更新的花费成本，后者是居民以后的生活保障。

2. 关于补偿标准的博弈

政府提供高标准的补偿，表明政府推进城市更新的决心，相反就会提供低标准的补偿。设置以下参数：

R_{b1}：居民所获得的高标准补偿收益，此部分是政府的成本支出。

R_{b2}：居民所获得的低标准补偿收益。

H_{g3}：当居民不支持时，政府高标准推进城市更新花费的成本。

H_{g4}：当居民不支持时，政府低标准推进城市更新花费的成本。

γ：政府提供高标准补偿的概率。

δ：居民支持改造的概率。

根据以上设定，政府与居民关于补偿标准的博弈模型见表 3-2。

政府与居民关于补偿标准博弈的收益矩阵　　表 3-2

居民＼政府	高标准（γ）	低标准（$1-\gamma$）
支持（δ）	$R_{b1}+R_m-R_1$，G_1-R_{b1}	$R_{b2}+R_m-R_1$，G_1-R_{b2}
不支持（$1-\delta$）	R_1，G_1-H_{g3}	R_1，G_1-H_{g4}

（1）假设政府提供高标准补偿的概率 γ，居民选择支持和不支持所获得的期望收益分别为 U_{r1} 和 U_{r2}：

$U_{r1}=\gamma\times(R_{b1}+R_m-R_1)+(1-\gamma)\times(R_{b2}+R_m-R_1)=\gamma\times(R_{b1}-R_{b2})+R_{b2}+R_m-R_1$

$U_{r2}=\gamma\times R_1+(1-\gamma)\times R_1=R_1$

令 $U_{r1}=U_{r2}$，可得

$$\gamma=\frac{2R_1-(R_{b2}+R_m)}{R_{b1}-R_{b2}} \tag{3-1}$$

所以，当政府提供高标准补偿 $\gamma>\frac{2R_1-(R_{b2}+R_m)}{R_{b1}-R_{b2}}$ 时，居民支持城市更新，反之，居民则不会支持。

（2）假设居民支持城市更新的概率 δ，则政府选择高标准补偿和选择低标准补偿的期望收益分别为 U_{g3} 和 U_{g4}：

$U_{g3}=\delta\times(G_1-R_{b1})+(1-\delta)\times(G_1-H_{g3})=\delta\times(H_{g3}-R_{b1})+G_1-H_{g3}$

$U_{g4}=\delta\times(G_1-R_{b2})+(1-\delta)\times(G_1-H_{g4})=\delta\times(H_{g4}-R_{b2})+G_1-H_{g4}$

令 $U_{g3}=U_{g4}$，可得

$$\delta=\frac{H_{g3}-H_{g4}}{(H_{g3}-H_{g4})-(R_{b1}-R_{b2})} \tag{3-2}$$

当居民支持城市更新的概率$\delta > \frac{H_{g3}-H_{g4}}{(H_{g3}-H_{g4})-(R_{b1}-R_{b2})}$，政府将采用低标准补偿；当居民支持城市更新的概率$\delta < \frac{H_{g1}-H_{g2}}{(H_{g3}-H_{g4})-(R_{b1}-R_{b2})}$，政府将采用高标准补偿方法。

所以，在城市更新补偿标准问题上，政府和居民间会有一个纳什均衡点（γ^*, δ^*），即如果政府以$\gamma^*=\frac{2R_1-(R_{b2}+R_m)}{R_{b1}-R_{b2}}$的概率进行高标准补偿推进城市更新，居民会以$\delta^*=\frac{H_{g1}-H_{g2}}{(H_{g3}-H_{g4})-(R_{b1}-R_{b2})}$的概率支持。政府与居民可以通过调整$\gamma^*$和$\delta^*$的值来与对方进行博弈。在现实操作中，$R_1$和$R_m$的值都可以具体量化，而国家对最低补偿标准也有相关政策规定，因此政府与居民博弈的重点就在于控制R_{b1}。

二、政府与开发商的博弈

主要围绕两个方面[111, 112]进行博弈：一是政府是否为开发商提供优惠政策；二是政府如何确定开发强度。

1. 是否提供优惠政策的博弈

如果城市更新的建设成本由开发商承担，政府则决定是否提供相关的优惠政策，如税费减免等，决策结果会影响开发商是否参与城市更新。若政府提供足够多的优惠，开发商获取一定的收益，就会参与城市更新；若政府不能提供相应的政策优惠，开发商是否参与主要取决于其获得的期望收益，如果不能满足其利润要求，就会转而开发城市其他项目。在该博弈当中，政府的行为策略为｛提供｝与｛不提供｝；开发商的策略选择有两种，｛参与｝和｛不参与｝。设置博弈模型参数如下：

G_1：政府获得的收益（同前）。

H_g：政府独立承担城市更新所需要的成本费用（同前）。

D_1：开发商参与城市更新所获取的净收益（扣除开发成本）。

I：开发商不参与城市更新项目，而开发其他项目的行业平均收益。

D_2：政府提供的政策优惠，此部分为开发商收益。

政府与开发商关于是否提供优惠政策的博弈模型见表 3-3。

政府与开发商关于是否提供优惠政策博弈的收益矩阵　　表 3-3

开发商＼政府	提供（λ）	不提供（$1-\lambda$）
参与	D_1+D_2，G_1-D_2	D_1，G_1
不参与	I，G_1-H_g	I，G_1-H_g

假设政府提供优惠政策的概率为 λ，开发商参与和不参与城市更新的期望收益分别为 U_{d1} 和 U_{d2}：

$$U_{d1}=\lambda\times(D_1+D_2)+(1-\lambda)\times D_1=D_2\lambda+D_1 \quad (3\text{-}3)$$

$$U_{d2}=\lambda\times I+(1-\lambda)\times I=I \quad (3\text{-}4)$$

令 $U_{d1}=U_{d2}$，可得

$$\lambda=\frac{I-D_1}{D_2} \quad (3\text{-}5)$$

λ 的确定与 I、D_1 和 D_2 有直接关系，这些参数数值的大小决定了开发商是否会参与城市更新，主要分析如下：

（1）$D_1>I$，即开发商开发城市更新项目的收益大于其他项目时，开发商选择参与。

（2）$D_1=I$，即开发商参与城市更新项目的收益与开发其他项目的收益相同，此时 $U_{d1}>U_{d2}$，不论政府是否提供优惠，开发商都会参与，其效益函数如图 3-2。

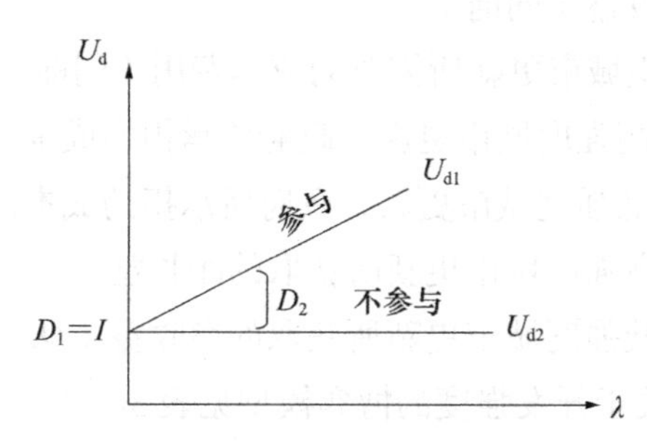

图 3-2　开发商参与城市更新与开发其他项目所得收益相等时的效用图

（3）如果 $D_1<I$，即开发商参与城市更新项目的收益低于开发其他项目的收益，开发商一般不会参与。为了吸引开发商投资，政府会出台一系列优惠政策。从图 3-3 可以看出，如果政府提供的政策优惠（$D_2\lambda$）弥补了开发商的收益差额（$I-D_1$），即 $D_2\lambda>(I-D_1)$，开发商还是会参与城市更新。

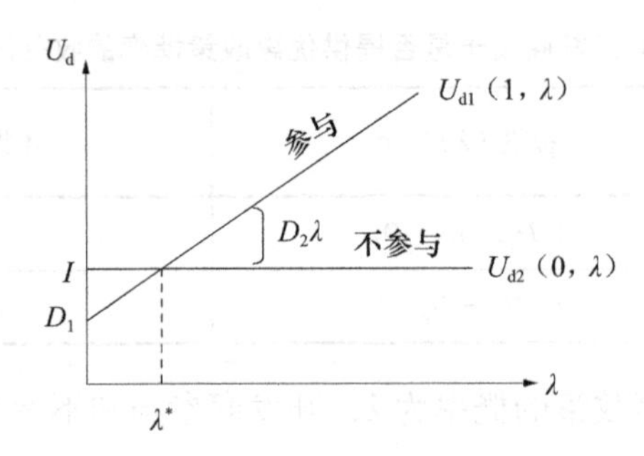

图 3-3　开发商参与城市更新收益低于开发其他项目所得收益时的效用图

经过以上分析，当政府给开发商提供优惠政策的概率$\lambda>\dfrac{I-D_1}{D_2}$时，开发商根据政府提供的优惠政策与行业平均利润作对比来决定是否参与城市更新。

2. 开发强度的博弈

开发商参与城市更新，为的是追求高利润，追求高强度开发，根据利益最大化的原则，开发商对开发强度有一个最低要求。政府是城市更新的倡导者和主导者，担负着科学规划城市布局、美化环境、改善治安和维护社会稳定的职责。因此，政府将严格控制项目的开发强度。为此，政府和开发商有一个开发强度的博弈。政府的策略选择是｛高强度｝和｛低强度｝，而开发商对应的策略则有｛参与｝和｛不参与｝。设置以下博弈参数：

G_1：政府获得的收益（同前）。

H_g：政府独立承担城市更新所需要的成本费用（同前）。

H_{g5}：开发商参与高强度城市更新，政府所承担的成本。

H_{g6}：开发商参与低强度城市更新，政府所承担的成本。

D_3：开发商参与高强度城市更新所获取的净收益。

D_4：开发商参与低强度城市更新所获取的净收益（$D_3>D_4$）。

则政府与开发商关于开发强度的博弈模型见表 3-4。

政府与开发商关于开发强度博弈的收益矩阵　　表 3-4

开发商＼政府	高强度（τ）	低强度（1 − τ）
参与	D_3+D_2，$G_1-D_2-H_{g5}$	D_4+D_2，$G_1-D_2-H_{g6}$
不参与	I，G_1-H_g	I，G_1-H_g

假设政府提供高强度开发政策的概率为 τ，开发商参与和不参与城市更新的期望收益分别为 U_{d3} 和 U_{d4}：

$$U_{d3}=\tau\times(D_3+D_2)+(1-\tau)(D_4+D_2)=\tau\times(D_3-D_4)+D_4+D_2 \quad (3\text{-}6)$$

$$U_{d4}=\tau\times I+(1-\tau)\times I=I \quad (3\text{-}7)$$

令 $U_{d3}=U_{d4}$，可得

$$\tau=\frac{I-(D_4+D_2)}{D_3-D_4} \quad (3\text{-}8)$$

τ 的确定与 D_2、D_3、D_4、I 有直接关系：当政府提供高强度开发政策的概率 $\tau>\frac{I-(D_4+D_2)}{D_3-D_4}$ 时，开发商会积极参与城市更新。否则，转而开发城市其他项目。

（1）当 $D_4+D_2=I$ 时，U_{d3} 恒大于 U_{d4}。即使政府允许的开发强度较低，仍能达到行业平均利润时，开发商还是会选择参与城市更新。

（2）当 $D_4+D_2<I$ 时，政府通过调整 D_4 和 D_2 来吸引引开发商。在实际操作中，就是通过设定最低容积率和提供优惠税收等政策来实现。开发强度的大小与项目容积率密切相关，容积率高，开发建筑面积多，开发商所得的收益就越多。在满足城市控制性规划的基础上，政府通过调整容积率来控制开发强度，以满足开发商的需要。

以上的分析验证了假设 H1 不成立。行业平均利润越高，政府要调高容积率、建筑密度等开发强度指标才能满足吸引开发商参与城市更新的利润要求。因此，政府提供优惠政策的概率与行业平均利润是正相关的。

三、居民与开发商的博弈

在缺少改造资金的情况下，一般会引进开发商参与城市更新。考虑到合理的城市规划，政府往往会严格控制规划指标，如容积率，绿化率和建筑密度，这相当于控制了开发商的开发强度，开发商为了追求更大的收益，存在采取违规改造的可能性[113]。为避免集体利益受损，居民会对开发商的开发行为进行监督。在博弈模型中，居民的行为策略选择有｛监督，不监督｝，开发商的策略选择则有｛循规改造，违规改造｝。设定以下博弈参数：

R_2：居民获得的收益，可假设由开发商提供，例如拆迁、安置费、土地出让金等。

I：开发商开发其他项目的行业平均收益。

H_d：开发商开发城市更新项目的成本费用。

D_5：开发商循规改造下，受到政策的限制约束而损失的一定利益，如果居民监督则转为居民收益。

D_6：开发商通过违规改造获得的超额利润，$D_6 > D_5$。如果居民监督则转化为居民收益，反之居民的收益将遭受损失。

基于以上博弈双方的策略选择，居民与开发商博弈的收益矩阵见表3-5。

居民与开发商博弈的收益矩阵 **表3-5**

开发商 \ 居民	监督	不监督
循规改造	$I-H_d-R_2-D_5$，R_2+D_5	$I-H_d-R_2-D_5$，R_2-D_5
违规改造	$I-H_d-R_2-D_6$，R_2+D_6	$I-H_d-R_2+D_6$，R_2-D_6

用画线法确定博弈的纳什均衡点：

（1）当开发商循规改造时的收益是$I-H_d-R_2-D_5$，居民选择监督的收益是R_2+D_5；

（2）当开发商违规改造时的收益是$I-H_d-R_2-D_6$，居民选择监督的收益是R_2+D_6。

基于以上两种情况，因为$D_6 > D_5$，居民选择监督的收益要大于不监督收益，开发商循规改造的收益也大于违规改造的收益。所以，开发商的最优选择策略是循规改造，此时居民选择监督，则达到纳什均衡。即选择策略组合｛循规改造，监督｝才能达到开发商与居民之间的双赢，收益为（$I-H_d-R_2-D_5$，R_2+D_5）。

3.3.2 三方静态博弈

一、参数设定和模型构建

在城市更新项目的实施过程中，开发商为了利润最大化，往往会采用一些违规改造的手段。假设开发商“违规改造”的概率θ，则“循规改造”的概率（$1-\theta$）。设开发商违规改造获得的额外收益D_0，违规不成受惩罚为F_d；违规改造给居民带来的损失L_r，给政府带来社会经济损失为G_0（相当于政府付出的成本）；居民对城市更新项目进行质量、进度、安全和造价控制，对开发商采取“严格监督”（概率σ）和“不严格监督”（概率$1-\sigma$），当严格监督时需要付出的成本为C_r；政府对开发商的行为也会采取“严格监管”（概率β）和“不严格监管”（概率

$1-\beta$）两种方法，政府严格监管开发商付出的成本 C_g。

构建城市更新项目三方静态博弈模型，如图3-4。

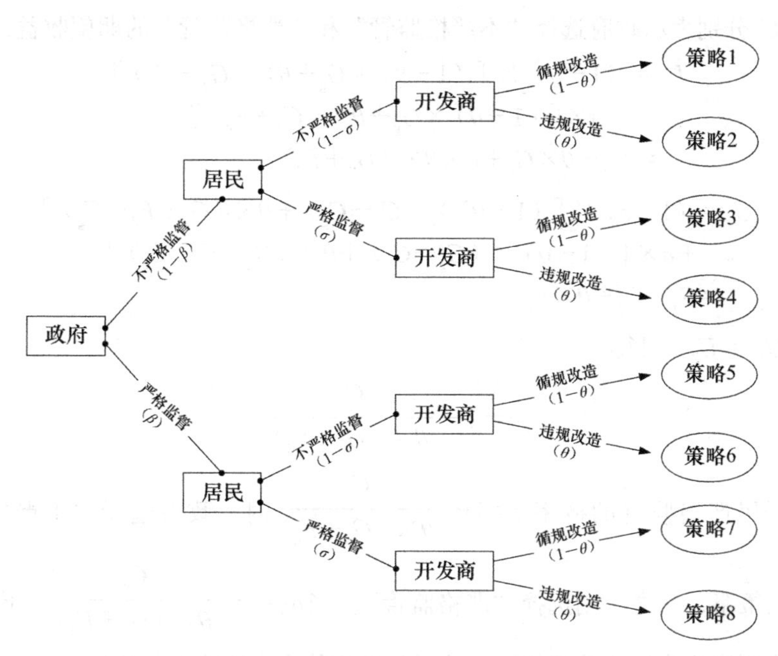

图3-4 城市更新项目三方静态博弈模型

G_g、R_r、D_d 分别表示政府不严格监管、居民不严格监督、开发商循规改造情况下三方的收益，根据假设的参数，得到三方静态博弈的收益矩阵见表3-6。

政府、居民和开发商三方静态博弈的收益矩阵　　表3-6

策略选择	政府	居民	开发商
策略1	G_g	R_r	D_d
策略2	G_g-G_0	R_r-L_r	D_d+D_0
策略3	G_g	R_r-C_r	D_d
策略4	G_g+F_d	R_r-C_r	D_d-F_d
策略5	G_g-C_g	R_r	D_d
策略6	$G_g+F_d-C_g$	R_r	D_d-F_d
策略7	G_g-C_g	R_r-C_r	D_d
策略8	$G_g+F_d-C_g$	R_r-C_r	D_d-F_d

注：上表中各方的支付函数按政府、居民、开发商的顺序排列。

二、三方静态博弈模型分析

1. 开发商选择“违规改造”概率为θ，居民选择“严格监督”概率为σ时，用U_1和U_2分别表示政府选择“不严格监管”和“严格监管”的期望收益，则有：

$$\begin{aligned}U_1&=(1-\sigma)\times[(1-\theta)\times G_g+\theta\times(G_g-G_0)]\\&\quad+\sigma\times[(1-\theta)\times G_g+\theta\times(G_g+F_d)]\\&=G_g-\theta\times G_0+\sigma\times\theta\times(G_0+F_d)\end{aligned}\tag{3-9}$$

$$\begin{aligned}U_2&=(1-\sigma)\times[(1-\theta)\times(G_g-C_g)+\theta\times(G_g+F_d-C_g)]\\&\quad+\sigma\times[(1-\theta)\times(G_g-C_g)+\theta\times(G_g+F_d-C_g)]\\&=G_g-C_g+\theta\times F_d\end{aligned}\tag{3-10}$$

令$U_1=U_2$，可得

$$\sigma=1-\frac{C_g}{\theta\times(G_0+F_d)}\tag{3-11}$$

当居民严格监督的概率$\sigma>1-\dfrac{C_g}{\theta\times(G_0+F_d)}$时，政府选择“不严格监管”是最优的策略，反之，则选择“严格监管”。当$\sigma=1-\dfrac{C_g}{\theta\times(G_0+F_d)}$，政府不严格监管或严格监管的效果都相同，此时是政府的混合策略纳什均衡状态。

由式（3-11）可知，在其他条件不变的情况下，当政府不严格监管或者严格监管成本越低，开发商违规改造的概率就会越高，此时居民严格监督的概率就会越高，开发商受罚成本也会越高。该分析验证了假设H2成立。因此，建立节约高效的政府监管模式，有利于提高政府的监管效益，降低成本，并在一定程度上提高居民选择严格监督的概率，有利于城市更新项目有序顺利进行。

2. 政府选择“严格监管”概率为β，开发商选择“违规改造”概率为θ时，用U_3和U_4分别表示居民选择“不严格监督”和“严格监督”的期望收益，则有：

$$\begin{aligned}U_3&=(1-\beta)\times[(1-\theta)\times R_r+\theta\times(R_r-L_r)]\\&\quad+\beta\times[(1-\theta)\times R_r+\theta\times R_r]\\&=R_r+\theta(\beta-1)\times L_r\end{aligned}\tag{3-12}$$

$$\begin{aligned}U_4&=(1-\beta)\times[(1-\theta)\times(R_r-C_r)+\theta\times(R_r-C_r)]\\&\quad+\beta\times[(1-\theta)\times(R_r-C_r)+\theta\times(R_r-C_r)]\\&=R_r-C_r\end{aligned}\tag{3-13}$$

令$U_3=U_4$，可得

$$\theta=\frac{C_r}{(1-\beta)\times L_r} \tag{3-14}$$

当开发商违规改造的概率$\theta>\frac{C_r}{(1-\beta)\times L_r}$时，居民选择“严格监督”是最优的策略，反之，则选择“不严格监督”。当$\theta=\frac{C_r}{(1-\beta)\times L_r}$时，居民选择“严格监督”和“不严格监督”的效果相同，此时是居民的混合策略纳什均衡状态。

由式（3-14）可知，在其他条件不变的情况下，当居民严格监督的成本越高，其选择严格监督的意愿则会降低，此时，开发商选择“违规改造”的概率就会增加。该分析验证了假设 H3 成立。在城市更新项目的实际操作中，项目越复杂，居民的监督成本会越大，此时，居民往往会聘请第三方专业服务机构，例如，项目管理单位，咨询单位，设计单位或监理单位，取代居民管理和监督项目，一方面可以减少因居民专业能力不高带来的管理成本增加，另一方面可分担和降低居民的监督成本，减少开发商违规改造行为，并对城市更新项目进行全过程工程咨询服务，为居民乃至政府的科学决策和管理提供技术支持。

3. 政府选择“严格监管”概率为β，居民选择“严格监督”概率为σ时，用U_5和U_6分别表示开发商选择“违规改造”和“循规改造”的期望收益，则有：

$$\begin{aligned}U_5=&(1-\beta)\times[(1-\sigma)\times(D_d+D_0)+\sigma\times(D_d-F_d)]\\&+\beta\times[(1-\sigma)\times(D_d-F_d)+\sigma\times(D_d-F_d)]\\=&D_d+D_0-(\sigma+\beta-\sigma\beta)(D_0+F_d)\end{aligned} \tag{3-15}$$

$$\begin{aligned}U_6=&(1-\beta)\times[(1-\sigma)\times D_d+\sigma\times D_d]\\&+\beta\times[(1-\sigma)\times D_d+\sigma\times D_d]\\=&D_d\end{aligned} \tag{3-16}$$

令$U_5=U_6$，可得

$$\beta=\frac{D_0-\sigma\times D_0-\sigma\times F_d}{(1-\sigma)\times(D_0+F_d)} \tag{3-17}$$

当政府严格监管的概率$\beta>\frac{D_0-\sigma\times D_0-\sigma\times F_d}{(1-\sigma)\times(D_0+F_d)}$时，开发商选择“循规改造”是最优的策略，反之，则选择“违规改造”。当$\beta=\frac{D_0-\sigma\times D_0-\sigma\times F_d}{(1-\sigma)\times(D_0+F_d)}$时，开发商选择“违规改造”和“循规改造”的效果相同，此时是开发商的混合策略纳

什均衡状态。

由式（3-17）可知，在其他条件不变的情况下，当开发商违规改造获得的额外利润越高，会提高政府严格监管的概率，但是当政府采取严格监管的措施时，开发商被惩罚的概率也会增加，从而付出受罚成本，因此开发商是否选择违规改造，要权衡违规所得利润与受政府严格监管受罚的成本的关系。该分析验证了假设 H4 无法证实。城市更新是中国城市化进程中的重要内容，城市更新的成败关系到一座城市能否可持续发展，因此开发商参与城市更新不应该仅仅追求利润，更应该站在新时代的客观要求，为实现城市的宜居环境、社会的和谐发展做出应有的努力。

3.3.3 三方动态博弈

上面两小节详细分析了城市更新的主要利益相关者政府、居民、开发商之间的两两博弈和三方静态博弈。但是在探讨可供选择的城市更新模式时，需要建立三方的动态博弈模型，分析三方的期望收益。动态是指博弈方选择策略行为的先后次序，后行者根据前行者的策略选择符合自己期望收益的策略。根据三方的策略选择就可推导出可供选择的城市更新模式。

动态博弈方的策略选择有先后次序，形成依次相连的阶段，称为“多阶段博弈”[112]。在城市更新的三方博弈中，政府作为权力机构，应该作为第一阶段的选择方，其次居民作为第二阶段的选择方，第三阶段是开发商的策略选择。动态博弈中策略选择的博弈分析如下：

一、三方博弈的行动战略及模型建立

1. 第一阶段，政府是博弈模型的起点，首先做出策略选择，政府的两个选择有两个：一是直接主导实施，用 S_{g1} 表示“政府实施”；二是政府制定政策提供优惠条件，用 S_{g2} 表示“政府规制”。策略集合 $S_g = \{S_{g1}, S_{g2}\}$（实施，规制）。

2. 第二阶段，居民处于第二阶段选择的节点，对政府的策略行为做出回应，也有两种选择：用 S_{p1} 表示“支持”和用 S_{p2} 表示“不支持”，策略集合 $S_p = \{S_{p1}, S_{p2}\}$（支持，不支持）。政府选择两种不同策略会出现不同的博弈结果，分析如下：如果政府选择 S_{g1} 情况下，居民无论选择策略 S_{p1} 或者 S_{p2}，博弈都会结束，此时的策略组合有 $S^1 = \{S_{g1}, S_{p1}\}$（实施，支持）和 $S^2 = \{S_{g1}, S_{p2}\}$（实施，不支持）；如果政府首先选择 S_{g2}，居民选择 S_{p2} 的情况下，博弈结束，此时的策略组合 $S^3 = \{S_{g2}, S_{p2}\}$（规制，不支持）。当居民选择 S_{p1} 的情况下，开发商才开始

选择行动，进入博弈的第三阶段。

3. 第三阶段，开发商处于选择的节点。对应政府和居民的策略，开发商有两种选择:用S_{d1}表示“参与开发”和用S_{d2}表示“不参与开发”，策略集合$S_d = \{S_{d1}, S_{d2}\}$（参与，不参与）。基于第一阶段政府选择S_{g1}和第二阶段居民选择S_{p1}，开发商选择参与开发S_{d1}，策略组合为$S^4 = \{S_{g1}, S_{p1}, S_{d1}\}$（规制，支持，参与），选择不参与开发$S_{d2}$，策略组合为$S^5 = \{S_{g1}, S_{p1}, S_{d2}\}$（规制，支持，不参与）。

如果用U_i表示第i个博弈方的收益，则政府收益、居民收益和开发商收益分别设为是U_g、U_p、U_d。根据以上分析得到城市更新动态博弈扩展模型如图3-5所示。

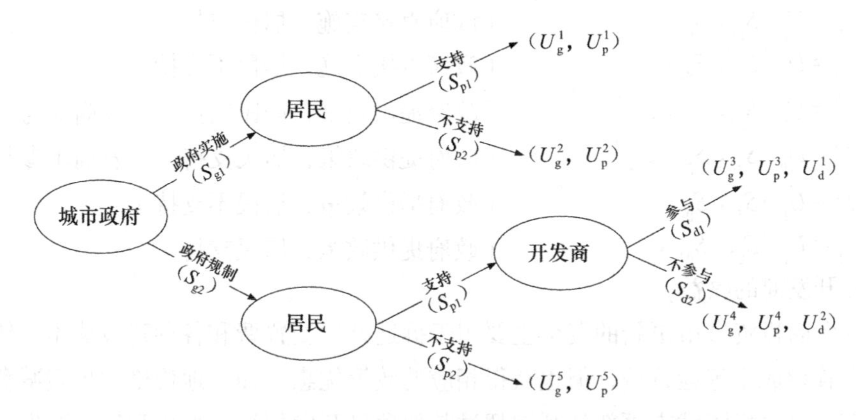

图3-5　城市更新改造动态博弈的扩展式博弈模型

二、收益函数分析

用$U_i = U_i\{S_g, S_p, S_d\}$表示参与人的行为策略的收益函数。

1. 政府收益

城市可持续发展是政府追求的目标。如果政府不推动改造，城市形象和投资环境没有得到改善，生活环境恶劣、治安隐患等负面因素也会给城市管理造成破坏。从这个意义上来说，虽然没有投入财政资金，但政府实际收益是负的。

政府主导的城市更新需要支付的费用有土地征用、拆迁安置、公共基础设施建设、社会保障等，获得收益有土地出让金、税收等有形收入；政府提供政策支持的城市更新，付出税收的降低、土地出让金的减少等代价，获得的是城市综合竞争力的提升和城市的可持续发展等无形收益。

政府选择S_{g1}，S_{g2}两个策略形成的六种博弈结果，形成的期望收益如下：

$U_g^1=U_g\{S_{g1}, S_{p1}\}$ （政府直接实施，居民支持）

$U_g^2=U_g\{S_{g1}, S_{p2}\}$ （政府直接实施，居民不支持）

$U_g^3=U_g\{S_{g2}, S_{p1}, S_{d1}\}$ （政府提供政策，居民支持，开发商参与）

$U_g^4=U_g\{S_{g2}, S_{p1}, S_{d2}\}$ （政府提供政策，居民支持，开发商不参与）

$U_g^5=U_g\{S_{g2}, S_{p2}\}$ （政府提供政策，居民不支持）

$U_g^6=U_g\{S_{g2}, S_{p1}\}$ （政府提供政策，居民支持）

2. 居民的收益

居民的收益，包括居民居住条件和生活环境的改善，改造后获得的社会福利或生活保障。六种博弈结果下的村民收益情况如下：

$U_p^1=U_p\{S_{g1}, S_{p1}\}$ （政府直接实施，居民支持）

$U_p^2=U_p\{S_{g1}, S_{p2}\}$ （政府直接实施，居民不支持）

$U_p^3=U_p\{S_{g2}, S_{p1}, S_{d1}\}$ （政府提供政策，居民支持，开发商参与）

$U_p^4=U_p\{S_{g2}, S_{p1}, S_{d2}\}$ （政府提供政策，居民支持，开发商不参与）

$U_p^5=U_p\{S_{g2}, S_{p2}\}$ （政府提供政策，居民不支持）

$U_p^6=U_p\{S_{g2}, S_{p1}\}$ （政府提供政策，居民支持）

3. 开发商的收益

开发商投资城市更新的资金主要用于拆迁补偿安置费和各种建设成本、销售成本和管理成本等运营费，但也获得相应的政策优惠，如土地价格、税费减免或补贴等。只要投资城市更新的利润超过其他项目开发的社会平均利润，开发商就会参与城市更新。开发商只有在第三阶段才采取“参与开发”或“不参与开发”选择。

$U_d^1=U_p\{S_{g2}, S_{p1}, S_{d1}\}=D_{d1}$ （政府提供政策，居民支持，开发商参与）

$U_d^2=U_p\{S_{g2}, S_{p1}, S_{d2}\}=D_{d2}$ （政府提供政策，居民支持，开发商不参与）

在这里 D_{d2} 是指开发商不参与城市更新改造，但进行其他项目开发的行业平均利润，仅当 $D_{d1} \geqslant D_{d2}$ 时，开发商才有参与城市更新的动力。

三、博弈均衡结果分析

城市更新动态博弈实际就是政府、居民和开发商三者利益调整的过程。如果居民不支持的情况下，城市更新是无法顺利进行的，所以从扩展型博弈描述图中我们可以看到，完成城市更新的路径主要有三条，如图 3-6，得出三种基于利益相关者的城市更新模式：

模式一：政府主导完成的 G-R-D 模式，可分为 G 子模式和 G-R 子模式；

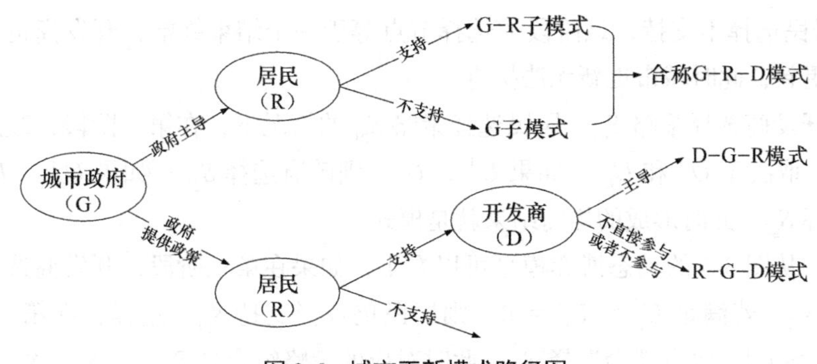

图 3-6　城市更新模式路径图

模式二：政府提供政策，居民主导组织完成的 R-G-D 模式；

模式三：政府提供政策，居民支持，开发商主导完成的 D-G-R 模式。

这里的 G 表示政府，是 Government 的简写；R 表示居民，是 Resident 的简写；D 表示开发商，是 Developer 的简写。

1. 均衡结果进行分析

（1）政府选择城市更新策略 S_{g1} 时，处于第二阶段的居民有支持 S_{p1} 和不支持 S_{p2} 两种策略，而居民选择支持策略 S_{p2} 的前提条件是 $U_p^1 > U_p^2 = 0$，因此形成策略组合 $S^1 = \{S_{g1}, S_{p1}\}$，对应的收益函数组合为 $\{U_g^1, U_p^1\}$，并且满足 $U_p^1 > U_p^2$，城市更新才能顺利实施。此时形成的均衡结果就是模式一的 G-R 子模式。

如果居民选择不支持策略 S_{p2}，组成的策略组合 $S^2 = \{S_{g1}, S_{p2}\}$，对应的收益函数组合为 $\{U_g^2, U_p^2\}$，此时形成的均衡结果就是模式一的 G 子模式。当 $U_p^2 \leqslant 0$ 时，无法保障居民利益，居民采取抵抗的态度，城市更新也无法顺利推进。政府和居民的收入水平均为零，但实际收益有可能是负的，因为用于社会管理成本的增加、城市环境没有得到改善等负面因素导致城市无法得到有效发展等，这些状况都会给政府和居民带来负效益。

（2）当政府选择提供政策并希望居民能够支持、开发商参与的策略时，政府会考虑居民和开发商的策略选择，因为他们的选择直接影响政府的收益水平，从而关系到城市更新能否顺利实施。

在第二阶段，居民有选择支持 S_{p1} 和不支持 S_{p2} 两种策略。如果开发商选择参与策略 S_{d1} 时，则居民的收益水平需满足 $U_p^3 > U_p^5$，政府的收益水平为 $U_g{}^3 = U_g\{S_{g2}, S_{p1}, S_{d1}\}$，对应的策略组合为 $S^4 = \{S_{g2}, S_{p1}, S_{d1}\}$，此时形成的均衡结果就是模式二；当 $U_p^3 \leqslant U_p^5$ 时，也即居民的利益得不到保证时，策略组合为 $S^3 = \{S_{g2},$

S_{p2}｝，居民选择不支持，该阶段的选择节点等于一个结束终端，开发商也不会参与城市更新，此时城市更新无法推进。

当开发商选择策略 S_{d1}，居民选择策略 S_{p1} 的情况下，在第一阶段，政府选择 S_{g1} 或 S_{g2} 取决于 U_g^1 和 U_g^3：如果 $U_g^1 > U_g^3$，则政府选择 S_{g1}；如果 $U_g^1 < U_g^3$，则政府选择 S_{g2}，此时形成的均衡结果就是模式三。

（3）从图 3-5 的动态博弈模型可以看出，如果在第三阶段，开发商选择不参与策略 S_{d2}，若满足 $U_p^3 > U_p^5 = 0$，则居民仍选择支持 S_{p1}。这样，在第一阶段，只要 $U_p^3 > U_p^1$，政府就会选择 S_{g2}，此时对应的策略组合是 $S^5 = \{S_{g2}, S_{p1}, S_{d2}\}$。此时形成的均衡结果就是模式二。

从理论上分析，居民主导的模式二是基于居民集体拥有良好的资金和专业开发能力。一旦政府提供相关政策，居民认为有利可图会选择排斥开发商参与。但是如果开发商选择不参与，居民单独主导完成城市更新也是比较困难的，也影响居民收益水平提高。

2. 三种模式均衡结果的前提必要条件分析

（1）动态博弈均衡分析得出的政府主导完成的模式，必须满足两个前提条件：

$$U_p^1 > U_p^2 = 0 \text{ 和 } U_g^1 > U_g^6 = 0$$

（2）同样地，政府、居民、开发商共同发展的改造模式必须满足以下三个条件：

$$U_p^3 > U_p^5 = 0\text{、}U_d^1 > U_d^2 = 0 \text{ 和 } U_g^3 > U_g^1 = 0$$

（3）居民主导组织完成的模式必须满足两个前提条件：

$$U_p^4 > U_p^5 = 0 \text{ 和 } U_g^4 > U_g^1 = 0$$

3.4 案例分析

近年来，广州城市化步伐加快，城市不断扩张，使得城中村问题非常突出。城中村的改造作为城市更新改造中对各方利益牵涉最广，改造难度最大的行动之一，成为政府所关注的重要问题。广州市政府频繁出台的改造政策和对城中村改造的实践，使得广州市城中村改造成为学者研究的热点。

3.4.1 案例综述

猎德村面积 470 亩，经济用地约 350 亩。根据调查，猎德村的家庭人均收入构成中，74.8% 来自集体经济，25.1% 来自租金。改造前租金较低，仅为 10 ～ 15 元 /m²，吸引了很多外来人员，使得城中村出租房经济发达，但也导致社会管理困难。房屋建筑混乱，建筑高度只允许 3 层，但房屋多数建到 4 ～ 5 层，甚至是 7 ～ 9 层，房屋密度大。

一、猎德村改造方案[115]

1. 规划方案和主要指标

据统计，旧猎德村包括猎德涌在内总面积 33 万 m²，纳入改造的用地面积约为 23.5 万 m²，地上建筑物面积 60 万 m²，其中 33 万 m² 是有合法产权的建筑面积，占 55%，27 万 m² 是违建面积，占 45%，现状容积率 2.55，绿地率低。改造分猎德桥东、桥西、桥西南三片分步实施（表 3-7 ～表 3-11）。

2. 猎德桥东地块主要用作住宅安置房。安置区建设 5662 套房屋满足村民的居住，另外建设近 4000 套房子用于出租，其中 3600 套是 75m² 以下的小户型。

3. 猎德桥西南地块是猎德村集体经济的发展用地，主要用于建设猎德中心。猎德中心是一个大型综合体：包括一座 46 层的超高层五星级酒店、一座 5A 级办公楼和一座 6 层楼的购物中心、一个 1000 座国际会议中心与 1200 座宴会厅。

猎德村改造地块规划情况 **表 3-7**

类别	用地性质	地块编码	容积率	建筑密度	绿地率	建筑控高（m）
融资地块	商业金融业用地 C2	AT111109	7.59	30%（塔楼） 40%（裙楼）	30%	100
	商业金融业用地 C2	AT111112	5.7	30%（塔楼） 40%（裙楼）	30%	100
集体经济地块	村经济发展用地 E62（C2）	AT111119	5.46	45%	30%	180
	村民生活用地 E61（R2）	AT111212	5.5	45%	30%	100
	中学用地 R22	AT111215	0.8	45%	30%	24
	村民生活用地 E61（R2）	AT111216	6.4	25%	15%	100
	村民生活用地 E61（R2）	AT111218	5.93	45%	30%	120
	村民生活用地 E61（R2）	AT111222	7.39	25%	30%	120
	小学用地 R22	AT111223	0.84	25%	30%	24

资料来源：根据广州市规划局公示材料整理所得。

猎德桥东安置区主要综合技术经济指标　　表 3-8

指标	规划总用地（m²）	可建设用地（m²）	总建筑面积（m²）	计算容积率面积（m²）	不计算容积率面积（m²）
数值	171138.9	132275.8	877889	687251	190638
指标	住宅面积（m²）	配套公建（m²）	非配套公建（m²）	居住户（套）数	居住人数
数值	637195	43391	6665	5662	18118
指标	综合容积率	总建筑密度	绿地率	塔楼建筑密度	—
数值	5.2	27.8%	30%	5.8%	—

猎德桥西南区猎德中心主要综合技术经济指标　　表 3-9

指标	规划总用地（m²）	可建设用地（m²）	总建筑面积（m²）	计算容积率面积（m²）	不计算容积率面积（m²）
数值	49933.1	32135.7	231623	173500	58122
指标	商业面积（m²）	酒店面积（m²）	办公面积（m²）	配套公建（m²）	公共绿地面积（m²）
数值	5600	87500	30000		5117
指标	综合容积率	总建筑密度	绿地率	机动车位	塔楼建筑密度
数值	5.4	37.8%	5117m²	1000	12.2%

4. 猎德桥西地块用于土地拍卖，由开发商进行商业开发。根据发展计划，规划开发商业、办公和酒店功能，三个功能建筑面积分别占 15.9%，76.3% 和 7.0%。该项目由三个区组成，首层以购物中心为主。其中：A 区有 3 栋 31 层的办公楼，B 区有 7 栋 30 至 52 层的办公楼，C 区有两栋 55 层和 66 层以及 1 栋 48 层的酒店。

猎德桥西区综合发展项目主要综合技术经济指标　　表 3-10

指标	规划总用地（m²）	可建设用地（m²）	总建筑面积（m²）	计算容积率面积（m²）	不计算容积率面积（m²）
数值	114176	71175	778216	568230	209986
指标	商业面积（m²）	酒店面积（m²）	办公面积（m²）	配套公建（m²）	公共绿地面积（m²）
数值	90552	40000	433468	4210	6688
指标	综合容积率	总建筑密度	绿地率	机动车位	塔楼建筑密度
数值	7.98	40%	30%	3410	15%

二、拆迁补偿安置方案要点

根据拆迁补偿安置方案[116]，采取滚动式拆迁改造的方式，主要拆迁补偿如下：

1. 临时安置补偿费：临迁费将按合法建筑的面积计算，住房和商铺都是每月 25 元 /m^2，超建面积每月也有 10 元 /m^2 的临时安置补偿，临时安置补助费按 36 个月计算。

2. 搬迁补助费：按一进一出两次计算，30 元 /m^2 的标准补偿。

3. 按“拆一补一”的原则，以安置房套内面积计算补偿被拆除的合法建筑面积。

4. 房屋补偿面积方法：按有产权的建筑面积阶梯式安置，以四层为界限。不足两层按两层计算，不足三层按三层计算，不足四层的按四层计算，四层以上的只按有产权面积计算。

三、猎德村改造资金来源

2007 年 9 月 29 日，猎德桥西地块以 46 亿元，折合楼面价 8095.3 元 /m^2 的价格出售给了开发商。

猎德村桥西地块拍卖情况一览表　　表 3-11

地块名称	用地面积（m^2）	建筑面积（m^2）	起拍楼面价（元 /m^2）	起拍价（亿元）	成交楼面价元（元 /m^2）	成交价（亿元）
猎德桥西	114176	568230	6335	38.6	8095.3	46

3. 4. 2　三方决策

一、参数取值

基于以上数据，分析三方的策略决策[112, 117]。参数取值如下：

1.A_L 表示猎德村现状用地面积：235587m^2；

2.R_{a1} 表示猎德村现状容积率：2.55；

3.A_0 表示猎德村总拆迁面积（$A_0 = A_L R_1$）：600000m^2；

4.C_0 表示猎德村拆迁补偿成本：68220 万元（安置期按 3 年计：有证 33 万 m^2×25 元 /m^2×36 = 2.97 亿，超建补偿 27 万 m^2×10 元 /m^2×36 = 0.972 亿；超建部分的框架材料补偿 27 万 m^2×1000 元 /m^2 = 2.7 亿；搬迁补偿：60 万 m^2×30 元 /m^2 = 0.18 亿）；

5.C_1 表示猎德村村民安置房的成本（含安置房建设成本和相关配套成本）：877889m^2×2700 元 /m^2 = 237030.03 万元；

6. C_2 表示猎德村新区改造规划经营性开发用地设施配套总成本：71175×800 = 0.5694 万元；

7. C_3 表示猎德村安置区改造需要支出的其他成本（前期及其他服务费，不可预见费等）；877889m^2×600 元 /m^2 = 52673.34 万元；

8. A_1 表示猎德村新区改造规划安置建设用地面积：132275.8m^2；

9. A_2 表示猎德村新区改造规划经营性开发建设用地面积：71175m^2；

10. R_{a2} 表示猎德村新区改造规划综合容积率：6.07；

11. R_{a3} 表示猎德村新区改造规划安置用房容积率：5.2；

12. R_{a4} 表示猎德村新区改造规划经营开发用地容积率：7.98；

13. P_0 表示猎德村房屋拆迁补偿价格：1137 元 /m^2；

14. P_1 表示猎德村安置用房成本价格：3300 元 /m^2；

15. P_2 表示经营性开发用地成本（即政府出让楼地面单方地价）：8095.3 元 /m^2；

16. P_3 表示开发商开发物业销售价格（开发商决策可变量）：20000 元 /m^2；

17. P_4 表示同地段同类物业市场价格：20000 元 /m^2；

18. P_5 表示经营性物业单方成本：4000 元 /m^2；

19. P_6 表示政府出让经营性物业楼地面单方地价：11912 元 /m^2（参照 2007 年 7 月 19 日出让的广州珠江新城 B1-3 地块（金融办公）楼面地价）；

20. I_0 表示物业开发行业平均收益率：15%；

21. A_3、A_4、A_5 分别表示猎德村桥东安置房、桥西综合发展项目、桥西南猎德中心的总建筑面积：A_3 = 877889m^2、A_4 = 778216m^2、A_5 = 231623m^2。

二、决策分析

通过模型计算，分析政府、居民和发展商在猎德村改造中的决策：

1. 政府的决策

根据三方动态博弈模型，政府的策略有两种，S_g = {改造} 和 S_g' = {不改造}，相应的期望收益函数为 U_g 和 U_g'。由于社会和环境效益难以量化，假设为零，只计算政府的经济效益，并分析政府的期望收益。

U_g = 出让经营性开发用地获得的总收益 − 猎德村改造的总成本

$= P_2A_2R_{a4} - (C_0 + C_1 + C_2 + C_3 + A_5P_5)$

$= 8095.3 \times 71175 \times 7.98 - (68220 + 237030.03 + 5694 + 52673.34 + 23.1623 \times 4000) \times 1000$

$= 3527.45$（万元）

故通过对政府收益函数的分析，政府进行改造的期望收益 $U_g = 3527.45$ 万元 $> U'_g = 0$。在经济上，猎德村的改造基本无需政府的财政投入，同时通过改造加快珠江新城 CBD 的规划与实施，改善城市环境和社会治安，政府实施改造获取的收益大于不改造的收益，因此第一阶段政府的策略应为实施改造。

2. 村民的决策

第二个阶段，村民的策略选择有 S_p = ｛支持｝和 S'_p = ｛不支持｝两种。从经济上分析村民的期望收益。猎德村民常住人口 18118 人，5662 户，最初的猎德村总住宅容量为 60 万 m^2（有合法证的房屋面积为 33 万 m^2，无合法证的房屋面积为 27 万 m^2）。平均每户常住居民有 3 人，分摊住宅面积 $106m^2$/ 户（有证住宅面积 $58.3m^2$/ 户，无证住宅面积 $47.7m^2$/ 户），回迁期按 36 个月计算。从表 3-12 和表 3-13 的经济收益分析可以看出，不改造，按原有的房产出租，在 36 个月内每个家庭只收到 22896 元的租金；为了支持改造，每个家庭在改造期内可得到约 54322 元的经济收益，经分析

$$U_p = 5662 \times (54322 - 22896) = 17793.4\text{（万元）} > 0$$

通过政府代拍土地村民获得改造资金，还获得村民身份转换、环境的改善和收入的提升。因此，在政府选择推进改造的前提下，村民选择策略 S_p = ｛支持｝是最利己的策略。

猎德村改造每户常住居民均摊房产收益表　　**表 3-12**

主要经济收益	补偿金额（元）	说明
临时安置补偿	69642	有证25元/m^2，无证10元/m^2，按36个月计算平均每月1934.5元
搬迁补助费	3180	30元/m^2
无证补偿	27000	无证1000元/m^2材料补偿
搬迁支出	-5000	—
租房支出	-40500	按人均25m^2，每户租75m^2，36个月平均租金15元/m^2/月
合计	54322	

猎德村不改造每户常住居民均摊房产收益表　　**表 3-13**

主要经济收益	面积（m^2）	金额	时间	收入
出租收益	53	12 元 /m^2/ 月	36 个月	22896

说明：旧猎德村出租屋租金大体上仅为10～15元/m^2，取中间值，按每户一半的面积出租，时间以36个月计算

3. 开发商的决策

第三阶段，开发商有 $S_{d1}=\{$参与开发$\}$ 和 $S_{d2}=\{$不参与开发$\}$ 两种策略，对应的期望收益函数分别为 U_d^3 和 U_d^4。开发商的期望收益为：

$$U_d = A_2R_{a4}（P_4 - P_5 - P_2）- A_2R_{a4}（P_5 + P_6）I_0$$

$$= 71175×7.98×（20000 - 4000 - 8095.3）- 71175×7.98×（4000 + 11912）×0.15$$

$$= 313403.75（万元）$$

从计算可以看出，开发商的期望收益 $U_d^3 = 313403.75$（万元）$> U_d^4 = 0$，开发商开发拍得猎德桥西地块，其收益远高于广州市同等项目的收益。猎德村作为广州 CBD 珠江新城内的稀缺土地资源，其商业开发前景令人期待，随着城市化的快速发展和中国经济高速前进，此地块的商业价值成倍数增长，故开发商参与猎德村的改造获得了丰厚的经济回报。通过计算，得出本案例三方动态博弈模型，如图 3-7 所示。

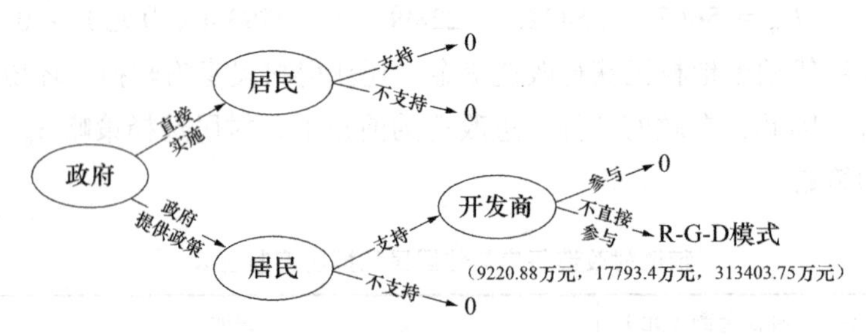

图 3-7 猎德村改造案例三方动态博弈模型图

3.5 本章小结

本章界定了城市更新核心和次要利益相关者，选定政府、居民和开发商作为核心利益相关者并分析了他们的利益诉求。运用博弈理论，建立了核心利益相关者的静态和动态博弈模型，得出博弈均衡点，并通过博弈分析，验证了假设 H1 不成立，H2 和 H3 成立，H4 无法证实或证伪。研究得出以下结论：

1. 政府和居民的博弈主要集中在是否推进城市更新和城市更新的补偿标准。当 $R_b + R_m > 2R_1$ 时，并且当政府以 $\gamma=\frac{2R_1-(R_{b2}+R_m)}{R_{b1}-R_{b2}}$ 的概率提供高标准补偿时，居民会以$\delta=\frac{H_{g1}-H_{g2}}{(H_{g3}-H_{g4})-(R_{b1}-R_{b2})}$的概率积极支持政府推进城市更新，政府与居民博弈的重点就在于控制居民所获得的补偿 R_{b1}，这也是政府财政所能承担的受力点。

2. 政府和开发商之间的博弈主要是政府提供的优惠政策和开发强度。当政府给开发商提供优惠政策的概率$\lambda>\frac{I-D_1}{D_2}$时，并且当提供高强度开发政策的概率$\tau>\frac{I-(D_4+D_2)}{D_3-D_4}$时，开发商会积极参与更新城市更新。否则，转而开发城市其他项目。此博弈的均衡点在于项目开发强度的高低和开发商的收益是否高于行业平均利润。

3. 居民和开发商的博弈均衡点在于居民对开发商进行监督，开发商循规改造，双方的期望收益为（$I-H_d-R_2-D_5$，R_2+D_5）。

4. 在政府、居民和开发商三方静态博弈中：当居民严格监督的概率$\sigma>1-\frac{C_g}{\theta\times(G_0+F_d)}$时，政府选择“不严格监管”是最优的策略；当开发商违规改造的概率$\theta>\frac{C_r}{(1-\beta)\times L_r}$时，居民选择“严格监督”是最优的策略；当政府严格监管的概率$\beta>\frac{D_0-\sigma\times D_0-\sigma\times F_d}{(1-\sigma)\times(D_0+F_d)}$时，开发商的最优策略是严格循规、稳步推进改造。

5. 通过政府、居民和开发商的动态博弈得出三种城市更新模式，分别是（1）政府主导完成的 G-R-D 模式，可分为 G 子模式和 G-R 子模式；（2）政府提供政策，居民主导完成的 R-G-D 模式；（3）政府提供政策，居民支持，开发商主导完成的 D-G-R 模式。

6. 选择广州猎德村改造案例，分析利益相关群体（政府、村民和开发商三者）的策略决策过程，得出猎德村的三方动态博弈模型，证明了本书构建模型的可操作性。

第4章　城市更新综合效益评价指标体系构建

城市更新应该追求社会进步、经济发展和环境优美，同时也是核心利益相关者保持和谐的过程。为了全面反映城市更新综合效益各个方面的状况，综合效益评价指标体系需要采用多指标综合评价的方法。综合效益评价问题是将描述评估区域中社会、经济和环境维度的一组统计指标转换为无量纲的相对评估值，并将这些评价值进行整合，以得出评估区域的综合评价。为描述评价城市更新在发展水平、经济效益和环境美化等状态变化，本章设计评价城市更新综合效益的协调效益指标体系和发展效益指标体系。首先根据确定了评价指标的选定原则，运用因子分析法从确定的综合效益影响因子中抽取公因子来构建城市更新综合效益评价指标体系，并进行指标值的确立和数据采集方法分析。

4.1　城市更新综合效益的内涵和分析

改造资金的落实到位是决定城市更新能否顺利实施的一个重要条件。所以开发商在城市更新中的作用突出，已然成为主力军，这难免不会影响政府制定的政策和做出的决策。开发商参与城市更新的目的就是追求最大的效益回报，他们自我考核的一个主要标准就是经济效益的高低。但是对于政府和居民来说，经济效益不是衡量城市更新成败的唯一标准，而应该从多方面、多角度来评价。综合效益就是反映社会各方行为合力形成的结果的综合指标[61]。不同约束的条件，不同的参与者会有不同的评价标准。城市更新作为一种社会行为，必须充分考虑这种行为带来的综合效益以及对社会的影响。城市更新的主体包括社会各阶层和群体，如地方政府、社区居民和城中村民、开发商。他们都有各自关心的效益。政府官员和政策制定者考虑城市形象、城市环境保护，城市历史文脉的延续；一般民众关注生活的需要，注重社会和经济利益；开发商则更关心经济利益。

通过以上分析，城市更新综合效益可以由两个系数来体现，一个是城市更新发展系数，表述为城市更新在实现社会进步、经济发展和环境变化等城市发展目标上的符合程度，该系数包括社会、经济和环境效益；另一个是城市更新协调系数，表述为利益相关者在城市更新中保持和谐的状态，此系数包括了政府效益、居民效益和开发商效益。城市更新的综合效益就是两个系数，六个维度的综合和统一，通过各自效益的评价以及综合效益的评价，综合判断城市更新各个效益是否均衡以及综合效益状况。

4.2　评价指标体系的研究

城市更新是一项复杂的系统工程，选择评价综合效益的指标既重要又困难，因为评价指标是反映城市更新各种特征的定性和定量的度量，是全面衡量城市更新的水平和效果的重要工具，既要考量社会的和谐稳定，又要兼顾经济发展和环境保护。评价指标体系里的指标既要彼此相对独立，也会具有一定的相关性。评价指标是城市更新综合效益评价的前提，建立一套行之有效的指标体系是综合评价的基础[118]。所以，指标体系的建立是综合效益评价研究过程中十分关键的环节。

4.2.1　评价指标的选取原则

指标体系是否科学客观和方便收集数据，关系到城市更新综合评价结果的合理性和有效性。对于评价指标的设计，MaClaren 提出应区别于简单的经济、社会、环境指标，遵循以下原则[119]：（1）全面系统性，评价体系需要考虑社会、经济、环境和利益相关者因素，不能仅反映某一特性；（2）分布性，各指标应考虑城市空间要素间的分布特征，评价结果构成一个有机的整体；（3）普遍性，指标体系必须尽可能排除相关指标，反映各项效益；（4）前瞻性，考虑可持续发展的要求，指标既反映过去和现在的关系，也要指明未来的趋势。

4.2.2　确定评价指标的初步框架

系统类指数体系最重要的特征是基于综合协同的概念。研究对象被视为一个复杂的系统，应用与系统科学相关的理论和方法，充分反映了可持续发展理论中的“发展程度”和“协调度”。与“可持续性”协调关系的本质特征是探索可持续发展的演变，建立统一的量化评价标准。这类指标的代表包括联合国可持续发展委员会的 DSR 指标体系，国际科学联合环境问题科学委员会的可持续发展指标体系，联合国统计局的可持续发展指标体系框架，联合国发计划署的人类发展指数，国家环境保护总局可持续发展指标体系，以及中国科学院发布的可持续发展能力指标体系等。

城市更新的建设与城市可持续发展有着密切的关系。追求城市更新的可持续性发展需要在社会、经济和环境方面实现城市更新项目的统一和平衡。通过研究，一些组织提出了城市可持续性指导方针、框架和发展指标。2001 年，依据《21 世纪议程》[120]，联合国可持续发展委员会（CSD）建立一个包含 134 个指标的可持续发展指标体系和 DSR 框架[121]，即“驱动力—状态—响应”。但指标框架存在一些缺陷，不适用于那些不同社会背景和处于不同发展阶段的国家。2007 年，CSD 重新设计了由 140 个指标组成的最终框架，其中包括 15 个主题和 38 个子主题，这些指标指导了各国可持续发展战略计划和目标的制定[122]。中国科学技术部在 2002 年研究了中国可持续发展指标体系，提出了 196 个描述性指标和 100 个评价指标[123]。2016 年，住房和城乡建设部公布了中国人居环境奖评价指标体系，包括生活环境、生态环境、社会和谐、法治、经济发展、资源节约六方面，共 65 个指标[124]。近年来，国外有学者对可持续发展指标的发展也做了大量的研究工作，例如，Tasaki 走访调查了 28 个国家政府、区域和国际组织采用的可持续发展指标，并把这些指标编成数据库，分为四大类别，77 个亚类，共有 1790 项指标[125]。城市更新也是完善基础设施的一种方式，甘琳构建了基于基础设施建设可持续性发展的评价指标体系[126]。国内学者对城市更新领域评价指标的研究综述在本书第 2.4.1 小节中做了详细归纳。这些研究对城市更新综合效益评价的研究具有一定的启示意义。然而指标的选择不应该是关于所有指标的信息的收集，而是对那些本质上更基本的指标的选择性分析[92]。也有学者认为，有些是根据专家的专业知识和经验主动确定，没有充分考虑有关利益相关者的意见[127]，因此在评估指标的应用中需要更多地纳入公民的意见[128]。评估指标需要更具代表性和符合当地人民的价值观[85]。因此，通过文献研究，筛选了一系列指标，并在多次咨询了城市更新领域的专家学者和相关专业人士的意见和建议后，结合预调查结果和多次征询被调查者及其他相关人员意见和建议，确定了 30 个城市更新综合效益评价影响因素作为初步评价指标框架，见表 4-1，对各指标的说明、解释见表 4-2。

城市更新综合效益评价影响因素归纳表

表 4-1

城市更新综合效益评价影响因素		CSD[122]	MOHURD[124]	MOST[123]	Singh[77]	Shen[76]	Tasaki[125]	Boulanger[129]	Hemphill[91]	Hemphill[72]
VAR01	交通改善状况			√	√	√	√	√	√	√
VAR02	社会和谐稳定度		√	√			√	√	√	√
VAR03	社区的整洁安全度和归属感	√	√	√			√	√	√	√
VAR04	历史文化和城市风格的传承	√		√	√	√	√	√	√	√
VAR05	生活和娱乐设施改善程度				√	√	√	√		
VAR06	居住条件改善状况			√	√	√	√	√		√
VAR07	社会福利保障改善程度	√	√	√	√	√	√	√		
VAR08	公共基础设施的完善程度		√	√	√	√	√			√
VAR09	城市更新后续发展潜力		√	√	√	√	√			
VAR10	公众参与度			√	√	√	√			√
VAR11	企业收益和品牌提高状况	√				√	√		√	
VAR12	城市更新改造周期				√		√		√	
VAR13	城市更新改造费用	√	√		√		√	√		√
VAR14	土地财政收入状况	√	√		√	√	√	√		√
VAR15	人均可支配收入状况	√	√		√	√	√	√	√	√
VAR16	拆迁补偿和安置费水平				√	√	√			√
VAR17	租金收益水平				√	√	√	√	√	√
VAR18	文化教育的改善程度				√	√	√		√	√

续表

城市更新综合效益评价影响因素		CSD [122]	MOHURD [124]	MOST [123]	Singh [77]	Shen [76]	Tasaki [125]	Boulanger [129]	Hemphill [91]	Hemphill [72]
VAR19	财务内部收益率	√			√	√	√		√	
VAR20	动态投资回收期				√	√	√		√	
VAR21	财务净现值				√	√	√		√	
VAR22	投资收益率		√		√	√	√	√	√	√
VAR23	借款偿还期		√		√	√	√			√
VAR24	环境质量改善状况				√	√	√			√
VAR25	土地利用率	√		√		√	√	√		√
VAR26	土地利用强度	√		√		√	√	√	√	√
VAR27	生态环境的影响程度	√			√	√	√	√	√	√
VAR28	城市景观功能改善程度	√			√	√	√	√	√	√
VAR29	建筑节能水平				√	√	√	√		√
VAR30	新旧建筑的协调度					√	√	√	√	√
城市更新综合效益评价影响因素		Langstraat [71]	Chan [74]	Colantonio [75]	Liu J.k. [88]	郭娅 [63]	李俊杰 [79]	龙腾飞 [78]	赵彦娟 [110]	
VAR01	交通改善状况	√	√			√	√	√		
VAR02	社会和谐稳定度	√		√	√		√		√	
VAR03	社区的整洁安全度和归属感	√	√	√			√			
VAR04	历史文化和城市风格的传承	√	√	√	√					
VAR05	生活和娱乐设施改善程度		√	√						
VAR06	居住条件改善状况	√	√	√			√		√	

续表

城市更新综合效益评价影响因素		Langstraat[71]	Chan[74]	Colantonio[75]	Liu J.k.[88]	郭娅[63]	李俊杰[79]	龙腾飞[78]	赵彦娟[110]
VAR07	社会福利保障改善程度		√	√		√	√		√
VAR08	公共基础设施的完善程度	√	√		√			√	√
VAR09	城市更新后续发展潜力	√						√	√
VAR10	公众参与度		√	√	√				
VAR11	企业收益和品牌提高状况							√	√
VAR12	城市更新改造周期								
VAR13	城市更新改造费用					√			√
VAR14	土地财政收入状况				√	√			√
VAR15	人均可支配收入状况	√			√				√
VAR16	拆迁补偿和安置费水平						√		√
VAR17	租金收益水平					√			√
VAR18	文化教育的改善程度			√			√		√
VAR19	财务内部收益率				√				√
VAR20	动态投资回收期				√				√
VAR21	财务净现值				√				√
VAR22	投资收益率				√				
VAR23	借款偿还期				√				
VAR24	环境质量改善状况	√		√		√		√	√
VAR25	土地利用率	√	√		√				

续表

城市更新综合效益评价影响因素		Langstraat[71]	Chan[74]	Colantonio[75]	Liu J.k.[88]	郭娅[63]	李俊杰[79]	龙腾飞[78]		赵彦娟[110]	
VAR26	土地利用强度	√	√		√					√	
VAR27	生态环境的影响程度	√	√	√	√			√		√	
VAR28	城市景观功能改善程度	√	√	√		√	√	√			
VAR29	建筑节能水平		√	√			√	√			
VAR30	新旧建筑的协调度		√			√	√	√			
城市更新综合效益评价影响因素		申菊香[83]	陈功[61]	熊向宁[65]	雷霆[84]	刘航[86]	邓堪强[82]	陈庆玲[130]	应奋[81]	刘婧婧[87]	甘琳[126]
VAR01	交通改善状况	√	√	√						√	√
VAR02	社会和谐稳定度		√			√	√	√			√
VAR03	社区的整洁安全度和归属感		√			√					√
VAR04	历史文化和城市风格的传承	√	√	√		√	√	√	√	√	√
VAR05	生活和娱乐设施改善程度		√	√			√			√	√
VAR06	居住条件改善状况		√			√				√	√
VAR07	社会福利保障改善程度	√	√			√					√
VAR08	公共基础设施的完善程度			√	√			√	√	√	√
VAR09	城市更新后续发展潜力	√				√			√		√
VAR10	公众参与度		√		√		√		√	√	√
VAR11	企业收益和品牌提高状况			√						√	√
VAR12	城市更新改造周期			√						√	√

续表

城市更新综合效益评价影响因素		申菊香[83]	陈功[61]	熊向宁[65]	雷霆[84]	刘航[86]	邓堪强[82]	陈庆玲[130]	应奋[81]	刘婧婧[87]	甘琳[126]
VAR13	城市更新改造费用	√		√					√	√	√
VAR14	土地财政收入状况	√		√	√						√
VAR15	人均可支配收入状况	√			√						√
VAR16	拆迁补偿和安置费水平	√	√					√		√	√
VAR17	租金收益水平	√	√					√			
VAR18	文化教育的改善程度		√								√
VAR19	财务内部收益率	√				√					√
VAR20	动态投资回收期	√				√		√			√
VAR21	财务净现值	√		√		√		√			√
VAR22	投资收益率	√		√		√		√			√
VAR23	借款偿还期			√		√					√
VAR24	环境质量改善状况			√	√	√		√	√	√	√
VAR25	土地利用率	√	√		√			√			√
VAR26	土地利用强度	√	√		√		√				√
VAR27	生态环境的影响程度		√		√	√		√	√	√	√
VAR28	城市景观功能改善程度		√		√	√		√	√	√	√
VAR29	建筑节能水平	√		√				√			√
VAR30	新旧建筑的协调度		√				√		√	√	√

城市更新综合效益评价影响因素解释说明　表 4-2

编号	影响因素	解释说明
VAR01	交通改善状况	它反映了城市更新后道路交通畅通的改善，这与居民的便利性和环境质量以及未来城市的发展规模直接相关
VAR02	社会和谐稳定度	它包括群众上访率、治安案件的发生率和其他指标。城市更新的问题和矛盾长期积累，错综复杂，涉及许多利益相关者的利益，尤其是处于弱势地位一方的利益，需要考虑利益的均衡，这在很大程度上是一个政策性很强的问题。尤其对政府来说，保持社会和谐稳定是压倒一切的原则，既要促进经济发展，更要确保社会稳定，这是城市健康发展的前提
VAR03	社区的整洁安全度和归属感	对社区的治安安全、整洁有序和人际关系、满足感、幸福感等方面的认可度
VAR04	历史文化和城市风格的传承	每个城市都有自己的文化和风格。城市更新不能失去城市的人文和民俗，有必要进行客观的评价，然后取其精华，去其糟粕。历史遗留下来的城市建筑，很多具有观赏和研究价值，因此，保护具有重要历史和文化价值的现有建筑物和地标可以为城市发展服务
VAR05	生活和娱乐设施改善程度	它反映了城市更新能否为居民提供一个休息、娱乐、生活的良好环境，这不仅仅表达了居民在精神生活上的丰富程度，还表达了居民在物质生活上的状态
VAR06	居住条件改善状况	这是衡量居民生活条件改善的有效指标，包括人均住房面积的增减和生活条件的变化。良好的住房条件和周围环境可以使人们的生活更轻松，并提供良好的生活氛围
VAR07	社会福利保障改善程度	指原居民的福利保障改善程度，包括原居民的就业率、医疗投保率、养老保险投保率等指标。就业率是指原居民失业人数中的再就业率，提高就业率对于城市的发展很重要。医疗投保率是指居民参与医疗保险的人数占总人数的比例，它反映了居民的医疗保障水平。养老保险费率是指参加养老保险的人数占总人数的比例，可以反映居民的社会保障水平
VAR08	公共基础设施的完善程度	这是衡量城市更新改变城市的程度。它包括人均摊铺道路面积、城市气化率、自来水用水率、人均年用电量、生活垃圾处理率等指标，以及学校、公园、电影院等文化娱乐设施的完善
VAR09	城市更新后续发展潜力	城市更新后的城市能否产生良好的市场预期，有助于吸引投资，实现区域质量的提升，从而改善居民的生活水平和质量，这也是衡量城市更新是否成败的考核指标
VAR10	公众参与度	公众参与城市更新活动中，是否具有如知情、参与、表决等权利，反映城市更新项目是否具有广泛发动群众参与及其民主程度。该指标反映了公众对城市更新的支持，参与者越多，对城市更新的完善度和合理度就越有利

续表

编号	影响因素	解释说明
VAR11	企业收益和品牌提高状况	企业经营的好坏直接反应企业所得利润以及税收的多少，这对城市经济是有贡献的。同时，在发展过程中，企业声誉和品牌的提升反映了开发商在社会、行业和政府视角中的口碑和声誉水平。这是房地产开发商重视的一个指标
VAR12	城市更新改造周期	城市更新应侧重于资金的时间价值，以及劳动力和设备的使用时间。因为改造周期的长短会直接影响各利益相关群体的效益
VAR13	城市更新改造费用	它包括各方面的建设费用，主要指的是工程建设费用。在城市更新过程中要尽量地考虑节约用地和节省各种开支，既能采用最优的施工方法建设项目，同时也要保证工程的质量
VAR14	土地财政收入状况	城市更新中会涉及集体土地转变为国有土地的情况，城市土地资源的稀缺性就使得土地的价值有所增加，所以土地出让金会成为政府重要财政收入来源，这必然会给政府带来土地财政收入的增加
VAR15	人均可支配收入状况	它指的是家庭可以用来自由控制的收入。一般来说，与生活水平成正比，即人均可支配收入越高，生活水平越高
VAR16	拆迁补偿和安置费水平	虽然城市更新在使集体土地转变为城市用地过程中，土地出让金会成为政府重要财政收入来源，但是拆迁和安置成本也成为政府进行城市更新的瓶颈，拆迁安置的高昂成本往往使政府感到力不从心，而且拆迁安置补偿水平也是能否顺利进行城市更新的关键指标。因此拆迁和安置成本的高低是政府、居民和开发商在城市更新的过程中所关心的重点问题之一，这也关系到拆迁户对政府或开发商的信任度和对更新项目的满意度
VAR17	租金收益水平	城市更新之前，出租房租金是居民或村民的主要收入来源，也是集体经济不断提升，维护正常经营的经济基础。即使在城市更新后，大多数居民仍然希望多余物业可以获得良好的租金收益。因此，租金收入是居民经济成分的重要特征
VAR18	文化教育的改善程度	它包括居民再教育培训比例、义务教育补贴率等指标。居民再教育培训的比例是指接受再教育和再就业能力的失业适龄人口占无业适龄总人口的比例。义务教育补贴率是指符合义务教育补贴的人数占适龄人数的比例。例如，城中村的村民在改造后谋生的能力是政府必须认真对待的问题。村民的再教育和培训将使他们具备职业技能并能够重新就业以获得收入来源

续表

编号	影响因素	解释说明
VAR19	财务内部收益率	指在整个计算期间每年净现值总和等于零的城市更新项目的折现率。当计算项目的财务内部收益率大于或等于行业基准收益率或设定折现率时，表明项目的盈利能力超过或等于基准的盈利水平，该项目在财务上被接受。否则就是不接受
VAR20	动态投资回收期	改造项目的工程动态投资回收期是考虑到“资金的时间价值”，用净收入抵偿全部投资所需的时间。动态投资回收期越短，项目的盈利能力和风险抵抗能力越强
VAR21	财务净现值	它是指基于行业基准收益率或设定折现率的项目计算期间每年年度净现金流量现值之和。如果财务净现值大于或等于0，表明项目的盈利能力超过或等于基准的盈利水平，一般来说，项目可以考虑接受。相反应该被否定
VAR22	投资收益率	项目投资收益率是指一定时期内项目实现的营业利润与总投资的比率。它是衡量项目建设经济的重要指标。当项目建设期短和项目本身相对简单时，项目的投资经济效益可用投资收益率指标来衡量
VAR23	借款偿还期	它是指在国家规定的具体财务条件下，利用项目利润、折旧、摊销和其他还款资金偿还项目本金和利息所需的时间。当贷款还款期满足贷款机构的要求时，该项目被视为有清偿能力
VAR24	环境质量改善状况	城市更新的目的之一是改善城市环境、提升城市品味。对城市环境质量的影响，主要是改善大气、水质、绿化、噪声、固体废物等。城市更新顺利完成，城市环境也发生质的变化
VAR25	土地利用率	土地利用率是指城市使用的土地面积与土地总面积之比，这是反映土地利用程度的定量指标
VAR26	土地利用强度	它包括容积率和建筑密度等指标。容积率是建筑物总建筑面积与建筑物占地面积之比；建筑密度是建筑物总建筑面积与用地面积之比。在一定限度内，这两个指标越高，土地利用越充分，但指标必须符合城市规划部门的技术要求
VAR27	生态环境的影响程度	保护和改善生态环境和生态平衡，可以为城市创造出一个美丽舒适的生活环境，其中，建成区的绿化覆盖率和人均公共绿地面积的增加是考核指标。建成区的绿色覆盖率是指该区域内单位面积拥有的园林绿地面积，人均公共绿地面积增加值指每个居民平均占有绿地面积的增加值。指标值越高，该地的生态环境越好
VAR28	城市景观功能改善程度	城市更新将影响城市景观，造成城市风格变化等问题，因此该指标将对长期居住在城市的人产生巨大影响

续表

编号	影响因素	解释说明
VAR29	建筑节能水平	建筑节能是指在选址、规划、设计、建造和使用过程中，通过使用节能建筑材料、产品和设备来实施建筑节能标准。该指标反映了建筑物使用节能材料的程度以及节能系统的水平，也是资源节约水平的体现。
VAR30	新旧建筑的协调度	经过城市更新后，改造建筑的规模、颜色、风格、高度及其他物理特征等是否与周围建筑物和环境协调

4.2.3　构建评价指标体系的方法

城市更新顺利完成了，城市环境就会发生质的变化。城市更新综合效益评价系统是一个多因素、多变量的综合系统，涉及政府、居民、环境和社会、经济、环境等子系统的多项指标。应用因子分析法能够快速、有效地构建评价体系，这对评判现阶段城市更新的状况和指导未来城市更新建设和发展都有重要意义。本章首先阐述因子分析法的基本原理、数学模型及计算步骤，然后，运用 SPSS 软件对数据进行处理分析，最后构建出城市更新综合效益评价指标体系。

一、因子分析法介绍

因子分析（Factor Analysis，FA）是一种多变量统计分析方法，通过多个变量的线性变换选择几个主要变量[131]。它是查找多观测变量中重要的，可影响原变量系统的潜在因素的一种方法，也是一项简化和减少数据集的维数的技术，对于解决多变量分析和评价的问题是非常有效的。

在实际评价过程中，指标集从不同角度反映待评价对象的信息。如果评价指标太多，而且指标间有一定的相关性，则会导致评价过程比较复杂，评价结果重复解释。因子分析法就是这样一种方法，它可以发现评价指标之间的相关性，从具有相关性的原始评价指标集挑选出一组新的、互不相关的综合评价指标，这样就可以有效地减少评价变量的维数而不丢失原系统表达的完整信息，简化评价过程。

1. 基本原理

通过对原始指标的坐标旋转（特征分解）、减均值除方差（尺度伸缩）和平移获得新坐标系（特征向量）后，用原始数据在新坐标中的投影替换原始数据向量。这组新矢量（主成分）是相互正交并独立的向量，是原始数据矢量的线性组合，可综合表示原始数据矩阵。

假设待评价对象有 m 个指标 x_1，x_2，...，x_m，经过方差旋转后可得到多个线性组合。选择第一个线性组合 F_1 作为第一个综合评价指标，它的方差值是最大的，表明 F_1 所包含原指标系统的信息量越多，F_1 称为第一主成分。依此类推构造出第二、第三，……，第 k 个主成分，各主成分之间协方差等于零。通常，需要选择前三个或四个主成分来全面反映待评价对象的原始信息。

2. 应用条件

原指标变量系统的指标之间存在较大的相关性才适合应用因子分析法。

3. 基本概念

基于某评价对象涉及 n 个指标，且指标之间存在较强的相关性，得到 n 个变量的 m 个评价数据，数据矩阵记为

$$X=\begin{bmatrix} x_{11} & x_{12} & \cdots & x_{1n} \\ x_{21} & x_{22} & \cdots & x_{2n} \\ \vdots & \vdots & \ddots & \vdots \\ x_{m1} & x_{m2} & \cdots & x_{mn} \end{bmatrix}$$

当变量 n 的数量较大时，在 n 维空间中考察问题比较困难的。遇到这种情况，可以采用因子分析法的降维技术功能进行处理，求出几个综合指标。

二、数学模型

在城市更新综合效益评价中，设有 n 个评价指标，我们把这 n 个评价指标看作 n 个随机变量 X_1，X_2，...，X_n，记为 $X=(X_1 \quad X_2 \quad \cdots \quad X_n)^{\mathrm{T}}$。因子分析就是要构建$k$个综合指标来线性组合表示原有指标系统，基本的因子模型可以表示为：

$$\begin{cases} F_1=l_{11}X_1+l_{12}X_2+\cdots+l_{1m}X_n+\varepsilon_1 \\ F_2=l_{21}X_1+l_{22}X_2+\cdots+l_{2m}X_n+\varepsilon_2 \\ \cdots\cdots \\ F_k=l_{k1}X_1+l_{k2}X_2+\cdots+l_{kn}X_n+\varepsilon_n \end{cases} \tag{4-1}$$

其中，F_1，F_2，...，F_k 称为公共因子（$k \leqslant n$）；ε_1，...，ε_n 是特殊因子。l_{ij} 表示第 i 个变量对于第 j 个综合因子的相对重要性，称为因子载荷。常用方差最大正交旋转的方法得到因子载荷矩阵。此外，F_k 应满足以下条件：

第一，因子荷载 l_{ij} 的平方和等于 1

$$l_i^T l_i = l_{1i}^2 + l_{2i}^2 + \cdots + l_{ni}^2 = 1 \tag{4-2}$$

第二，综合评价指标相互独立，没有重叠信息。

第三，主成分的方差值是递减的关系，表示每个主成分表达原指标系统的信息量逐步减少。

三、因子分析的计算步骤

假设一个样本包括 n 个评价指标和 m 个数据序列，得到一个 $m \times n$ 阶数据变量矩阵 X。

第一步，无量纲化处理原始评价数据。

不同的评价指标往往具有不同的单位量纲，要具有统一评价的标准，需要消除量纲的影响。对原始数据进行无量纲处理，常用的有正态标准化处理、均值化处理和对数中心化处理三种方法。

第二步，求相关系数矩阵。

第三步，求相关系数矩阵的特征值和贡献率。

特征值从大到小进行排序，其中每个特征值对应的方差表示新变量对评价系统的贡献程度，称为贡献率。前 k 个主成分反映的综合信息含量，称为累计贡献率。

第四步，确定主成分的个数。

确定原则如下：（1）累积贡献率大于85%。很多实践经验证明累积贡献率达到85%能够保证系统排序的稳定。（2）特征根大于1。标准化处理相关系数矩阵后，选择特征根大于1的向量作为主成分。

4.3　评价指标体系的构建

4.3.1　评价指标体系的层次

城市更新的综合效益评价需要从城市更新的利益相关群体，即要从政府、居民、开发商的视角进行综合评价，也要从城市更新的目标——社会、经济、环境的视角进行综合评价。指标作为评价综合效益的工具作用越来越重要[129]。指标体系反映的是可持续健康发展的基本要素，也是反映参与城市更新的利益相关者利益协调平衡的过程。

目标层、准则层和指标层是一个评价体系基本框架的要求。目标层是指标体系的总体目标，即城市更新的综合效益，目标层由准则层反映。标准层也称为判断层，即根据城市更新的目标和利益相关者的构成，从哪些方面判断指标体系的总体目标。本书从发展效益，即社会效益、经济效益、环境效益，以及协调效益，即政府效益、居民效益和开发商效益两个视角来建立准则层。指标层则是准则层中各维度的具体指标。

4.3.2 数据来源与处理

一、问卷设计

根据前文所述，城市更新发展目标是追求社会、经济和环境的可持续健康发展，追求发展目标过程中也要追求参与城市更新的三大核心利益相关者政府、居民和开发商的和谐共存。因此将利益相关者和发展目标作为第一级评价指标，综合效益影响因子作为第二级评价指标。

由于本书的研究指标大多是定性指标，研究内容也是对各利益相关方需求和态度的主观理解。评价数据不能从相关文献资料中得到，需要通过问卷调查获得。问卷调查是一种可以较为快速简便得到数据的有效途径[8]。根据研究目的和方向，充分研读相关研究文献后，基于城市更新的实际情况设计出初始调查问卷。调查问卷的主要内容有：受访者信息，政府、居民、开发商和社会、经济、环境对城市更新综合效益的重要程度，30个影响因子对城市更新的政府效益、居民效益、开发商效益和社会效益、经济效益、环境效益的重要性和影响程度打分。问卷采用李柯尔特五级量表。

根据本研究的内容，设计出初步调查问卷，进行预调查，然后对问卷进行简化，形成正式问卷。本研究的预调查时间安排在2016年7月。预调查的对象是广东省住房和城乡建设厅、广州市建委、广州市城市更新局等政府相关职能机构的工作人员，城市更新和土地经济等领域的专家，华南理工大学土木与交通学院研究土地与房产领域的教授、老师、研究生、课题组成员，城市更新的利益相关者。针对政府工作人员的预调查，我们主要采取访谈的方式，共获得有效调查反馈问卷9份；针对大学老师、研究生和课题组成员的预调查，主要采取面对面深入沟通的方式，共获得反馈问卷8份；对利益相关者的预调查，我们选择随机访谈猎德村、琶洲村和杨箕村等新旧村落周边地区的村民，共获得有效调查问卷26份。预调查共发放问卷60份，回收43份，有效回收率为71.7%。

预调查后，通过课题组探讨进一步确认问卷设计的恰当性，减少多余的题项，修正含糊的语言表达，形成最终正式的调查问卷，主要有三个部分，第一部分是受访者的个人背景信息；第二部分是综合效益评价维度的重要性；第三部分是评价体系指标因子的重要性。详情见附录1。

二、数据采集

数据的采集主要在利益相关者所在地发放问卷，面对面调查有助于更好地了解利益相关方群体对城市更新的影响，以及他们对城市更新综合效益影响因子评价得分高低的影响。本研究的正式调查时间为 2 个月（2016 年 8 月至 9 月）。调查对象主要有参与城市更新的相关政府部门、企业单位、利益相关群体、高校科研院所研究人员以及有关的专家学者等。调查方式有访谈、问卷、座谈等。共发放问卷 300 份，回收 229 份，有效问卷 202 份，有效回收率 67.33%，满足因子分析所需的 100 ～ 200 的样本量要求。

汇总 202 份有效问卷的信息，见表 4-3。其中，男性占 68.32%，女性占 31.68%；从受访者的年龄来看，30 ～ 49 岁受访者人数占 31.18%；从教育水平来看，大学及以上学历占 83.66%，其中研究上及以上的占 25.24%；从受访者工作单位来看，行政机构占 36.63%，企业占 27.72%，研究机构占 15.35%，高等学校占到 13.86%；有 1 年以上参与过城市更新工作的人占比 85.15%。分析个人信息可知，被调查者的学历都基本为大学本科学历及以上，且工作经历也比较丰富，可以认为被调查者可以很好地理解调查问卷的题项，相信他们是经过一定的理性思考才对选项做出选择的。

被调查者个人信息情况　　**表 4-3**

		频数	百分比（%）
性别	男	138	68.32
	女	64	31.68
	小计	202	100
年龄	20 ～ 29 岁	19	9.41
	30 ～ 39 岁	85	42.08
	40 ～ 49 岁	63	31.18
	50 ～ 59 岁	23	11.39
	60 岁及以上	12	5.94
	小计	202	100
教育程度	大学以下	33	16.34
	大学	118	58.42
	研究生及以上	51	25.24
	小计	202	100
工作单位	行政事业	46	22.77
	企业	65	32.18

续表

		频数	百分比（%）
工作单位	高等学校	28	13.86
	研究机构	31	15.35
	其他	32	15.84
	小计	202	100
从事城市更新工作的年限	1年以下及没有经验	30	14.85
	1～2年	53	26.24
	3～4年	46	22.77
	5～6年	35	17.33
	6年以上	38	18.81
	小计	202	100

三、问卷检验

在数据分析前有必要对所调查数据进行可靠性和有效性检验。

1. 可靠性检验

可靠性也称信度。信度检验就是分析问卷的可靠性，它是一种测量提取因子结果的稳定性、重现性和一致性的方法。检验方法一般采用克伦巴赫系数 α。Aron[132]研究得出，α 系数取值范围在0与1之间，数值越大说明得到的评价数据越可靠。如果量表的可靠性系数高于0.9，即 $\alpha > 0.9$，表示量表的可靠性非常好，为最佳信度；如果量表的可靠性系数在0.8～0.9之间，即 $0.8 < \alpha < 0.9$，表示量表的可靠性较好，为较好信度；如果量表的可靠性系数在0.7～0.8之间，即 $0.7 < \alpha < 0.8$，则意味着需要适当调整量表的部分项目，$0.7 < \alpha < 0.9$ 是可接受的信度；如果量表的可靠性系数在0.7以下，则意味着需要剔除量表中的某些项目。本书将采用SPSS方法[133]计算调查数据的克伦巴赫系数 α。

2. 有效性检验

有效性也称效度。效度检验就是测量数据达到检测目标的有效程度。统计分析数据前需要测试原始变量是否具有相关性，以判断是否采用因子分析法提取公因子，主要有相关系数矩阵，反映像相关矩阵、KMO（Kaiser Meyer Olkin）和巴特利特检验（Bartlett）[134]等检测方法。本研究采用KMO与Bartlett检验方法分析数据的结构有效性。

KMO是检验简单相关系数和偏相关系数的一个比率，取值范围分布在0和

1 之间。当所有变量之间的简单相关系数的平方和远大于偏相关系数的平方和，KMO 值接近 1 或者越接近 1，表明变量之间的相关性越强，越适合采用因子分析；当 KMO 值接近 0 或者越接近 0，表明变量之间的相关性越弱。Kaiser[135] 给出 KMO 检验值的标准是：0.9 及以上意味着非常合适，0.8 意味着合适，0.7 意味着一般，0.6 意味着不太合适，0.5 及以下意味着非常不合适。

使用探索性因子分析来衡量问卷的结构有效性是效度检验的另一种方法[133]，累积贡献率、共同度和因子负荷是其主要评估指标。

4.3.3　城市更新综合效益评价指标体系的因子识别

因子识别主要有三个步骤为：(1) 验证变量是否适用采用因子分析；(2) 识别变量，抽取公因子；(3) 给公因子命名和解释。

本章以城市更新 R-G-D 模式为例，详细介绍综合效益评价体系的构建过程。每份问卷涉及影响因素的问题共 30 题，分别从协调效益评价指标体系和发展效益评价指标体系来综合评价城市更新综合效益。协调效益体系从政府效益、居民效益、开发商效益三个维度衡量影响程度；发展效益体系从社会效益、经济效益、环境效益三个维度进行影响程度大小的度量。

一、协调效益评价指标体系的因子识别

1. 政府效益评价指标体系因子识别

(1) 调查数据统计

每份问卷 30 题共有 180 个结果。处理过程和数据描述仅以政府效益分析为例，数据统计见表 4-4。

政府效益调查数据统计描述　　表 4-4

变量	最小值	最大值	平均值	标准差	方差
VAR01	3	5	4.0842	0.6823	0.466
VAR02	4	5	4.3218	0.4683	0.219
VAR03	3	5	4.2426	0.7232	0.523
VAR04	4	5	4.4505	0.4988	0.249
VAR05	1	4	2.9703	0.8576	0.735
VAR06	2	4	2.8911	0.7110	0.505
VAR07	3	5	4.0545	0.6002	0.360
VAR08	1	4	2.7723	0.8796	0.774

续表

变量	最小值	最大值	平均值	标准差	方差
VAR09	2	4	2.8564	0.7881	0.621
VAR10	2	5	3.1238	0.8343	0.696
VAR11	1	3	2.0198	0.7978	0.636
VAR12	3	5	4.0396	0.7251	0.526
VAR13	2	5	3.1436	0.8605	0.740
VAR14	4	5	4.3416	0.4754	0.226
VAR15	3	5	4.1980	0.7665	0.587
VAR16	1	4	2.6634	0.7210	0.533
VAR17	1	3	2.2723	0.6766	0.458
VAR18	1	3	2.0594	0.4641	0.215
VAR19	1	3	2.2475	0.6214	0.386
VAR20	2	5	3.7475	0.7334	0.538
VAR21	2	4	3.1040	0.7290	0.531
VAR22	2	4	2.3911	0.6695	0.448
VAR23	1	3	2.1634	0.6677	0.446
VAR24	4	5	4.2376	0.4267	0.182
VAR25	2	4	3.5446	0.6695	0.448
VAR26	3	5	4.0891	0.6632	0.440
VAR27	2	4	2.8812	0.7569	0.573
VAR28	2	4	2.9703	0.7256	0.526
VAR29	2	4	3.2030	0.6013	0.362
VAR30	1	3	2.0099	0.7261	0.527

（2）调查数据信度检验

从表4-5的可靠性统计量可以看出，本次统计量表的克伦巴赫系数$\alpha=0.894$，信度系数达到0.8以上，我们认为问卷结果信度可以接受的。

政府效益调查数据可靠性统计量 **表 4-5**

α值	基于标准化项的α值	项数
0.894	0.895	30

（3）KMO 与 Bartlett 检验

表 4-6 显示了政府效益调查数据的 KMO 和 Bartlett 测试结果。可以看出 KMO 值为 0.834，同时，Bartlett 检验结果为 0.000，否定调查数据的相关系数矩阵是单位矩阵的假设。表明原始数据适合于因子分析。

政府效益调查数据的 KMO 和 Bartlett 的检验　　表 4-6

取样足够度的 Kaiser-Meyer-Olkin 度量		0.834
Bartlett 的球形度检验	近似卡方	4807.987
	df	435
	Sig.	0.000

（4）方差分解

因子分析的目的是从大量原始指标变量合成少量代表性的综合因子。关键是基于主成分模型的主成分分析求解样本数据的因子载荷矩阵。求解相关系数矩阵得到方差分解的结果，列于表 4-7。可以看到初始特征值大于 1 的有 6 个主成分，累积方差贡献率为 70.495%，说明如果抽取这 6 个主成分作为公因子，那它们所包含的信息量占原有变量系统 70.495% 的信息量。

政府效益调查数据总方差分解　　表 4-7

成分	初始特征值			提取平方和载入			旋转平方和载入		
	合计	方差的 %	累积 %	合计	方差的 %	累积 %	合计	方差的 %	累积 %
1	11.862	39.541	39.541	11.862	39.541	39.541	5.675	18.916	18.916
2	3.111	10.371	49.911	3.111	10.371	49.911	3.654	12.181	31.097
3	2.045	6.816	56.727	2.045	6.816	56.727	3.438	11.460	42.556
4	1.508	5.026	61.754	1.508	5.026	61.754	3.218	10.725	53.281
5	1.446	4.819	66.573	1.446	4.819	66.573	2.877	9.591	62.873
6	1.177	3.923	70.495	1.177	3.923	70.495	2.287	7.622	70.495
7	0.981	3.270	73.765						
8	0.900	2.999	76.764						
9	0.759	2.529	79.293						
10	0.702	2.341	81.634						
11	0.547	1.824	83.458						

续表

成分	初始特征值			提取平方和载入			旋转平方和载入		
	合计	方差的%	累积%	合计	方差的%	累积%	合计	方差的%	累积%
12	0.539	1.796	85.254						
13	0.508	1.692	86.946						
14	0.475	1.583	88.529						
15	0.418	1.393	89.921						
16	0.385	1.284	91.205						
17	0.364	1.215	92.420						
18	0.335	1.117	93.537						
19	0.277	0.925	94.462						
20	0.255	0.851	95.312						
21	0.238	0.793	96.106						
22	0.203	0.677	96.783						
23	0.188	0.626	97.409						
24	0.170	0.566	97.976						
25	0.157	0.524	98.500						
26	0.125	0.415	98.915						
27	0.103	0.345	99.260						
28	0.089	0.297	99.557						
29	0.082	0.274	99.831						
30	0.051	0.169	100.000						

从总方差分解的计算结果可以反映出调查问卷的结构具有良好的效度；调查数据具有较好的稳定性和一致性，是有效的；累计贡献率超过70%，表明抽取的公因子是可靠、可信的。

碎石图因其直观性和图像性，常用来反映相关系数矩阵特征值的变化趋势。从图4-1的政府效益评价因子识别碎石图中，可以直观地看到，在第六因子之后，曲线开始慢慢变得平缓。可以说从第七个主成分开始，每个主成分的方差贡献率逐渐变小，作用减弱，直到可以忽略不计。碎石图表明提取6个主成分作为公因子也是合适的。

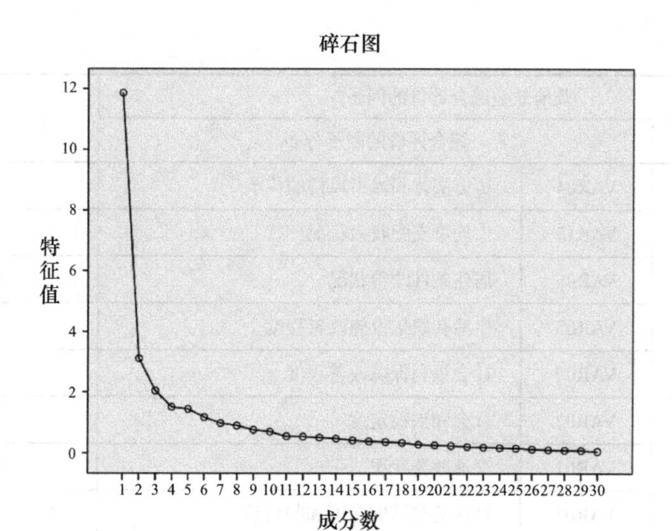

图 4-1　政府效益评价因子识别碎石图

（5）正交方差最大旋转提取公因子

对相关系数矩阵进行正交方差最大旋转做方差分解，可以更清楚地显示每个主成分所包含的变量，并求得因子荷载矩阵。根据统计结果，可以提取 6 个公因子作为政府效益的综合因子，分别命名为 F_{Gos1}、F_{Gos2}、F_{Gos3}、F_{Gos4}、F_{Gos5}、F_{Gos6}，各综合因子包含的变量信息如表 4-8 所示。

政府效益综合评价的因子结构　　表 4-8

政府效益综合评价的因子			因子荷载（降序）
综合因子	综合评价的因子分布		
F_{Gos1}	VAR08	公共基础设施的完善程度	0.853
	VAR28	城市景观功能改善程度	0.828
	VAR29	建筑节能水平	0.720
	VAR17	租金收益水平	0.607
	VAR19	财务内部收益率	0.605
	VAR21	财务净现值	0.597
	VAR23	借款偿还期	0.594
	VAR20	动态投资回收期	0.565
	VAR11	企业收益和品牌提高状况	0.491

续表

政府效益综合评价的因子			因子荷载（降序）
综合因子	综合评价的因子分布		
F_{Gos2}	VAR04	历史文化和城市风格的传承	0.841
	VAR15	人均可支配收入状况	0.746
	VAR06	居住条件改善状况	0.623
	VAR05	生活和娱乐设施改善程度	0.559
	VAR07	社会福利保障改善程度	0.541
F_{Gos3}	VAR02	社会和谐稳定度	0.757
	VAR01	交通改善状况	0.694
	VAR03	社区的整洁安全度和归属感	0.672
	VAR18	文化教育的改善程度	0.538
	VAR16	拆迁补偿和安置费水平	0.502
F_{Gos4}	VAR24	环境质量改善状况	0.699
	VAR26	土地利用强度	0.647
	VAR25	土地利用率	0.574
	VAR30	新旧建筑的协调度	0.517
F_{Gos5}	VAR09	城市更新后续发展潜力	0.703
	VAR27	生态环境的影响程度	0.663
	VAR12	城市更新改造周期	0.617
	VAR10	公众参与度	0.551
F_{Gos6}	VAR14	土地财政收入状况	0.684
	VAR13	城市更新改造费用	0.599
	VAR22	投资收益率	0.584

由表4-8中看出，第一综合成分包括公共基础设施的完善程度（VAR08）、城市景观功能改善程度（VAR28）、建筑节能水平（VAR29）、租金收益水平（VAR17）、财务内部收益率（VAR19）、财务净现值（VAR21）、借款偿还期（VAR23）、动态投资回收期（VAR20）、企业收益和品牌提高状况（VAR11）等变量。这些变量主要从城市基础设施的完善和投入视角反映政府效益与城市更新的经济发展的关系。

第二综合成分包括了历史文化和城市风格的传承（VAR04）、人均可支配收入状况（VAR15）、居住条件改善状况（VAR06）、生活和娱乐设施改善程度（VAR05）、社会福利保障改善程度（VAR07）等变量。这些变量主要从城市文脉视角反映政府效益。

第三综合成分由社会和谐稳定度（VAR02）、交通改善状况（VAR01）、社区的整洁安全度和归属感（VAR03）、文化教育的改善程度（VAR18）、拆迁补偿和安置费水平（VAR16）等变量构成。这些变量主要从实现社会福利角度反映政府效益。

第四综合成分包括了环境质量改善状况（VAR24）、土地利用强度（VAR26）、土地利用率（VAR25）、新旧建筑的协调度（VAR30）等变量。这些变量从环境改善，土地利用角度反映政府效益。

第五综合成分包括了城市更新后续发展潜力（VAR09）、生态环境的影响程度（VAR27）、城市更新改造周期（VAR12）、公众参与度（VAR10）等变量。这些变量主要从城市更新的发展和工程建设角度反映政府效益。

第六综合成分包括了土地财政收入状况（VAR14）、城市更新改造费用（VAR13）、投资收益率（VAR22）等变量。这些变量从经济利益角度反映政府效益。

2. 居民效益评价指标体系因子识别

用相同方法可以得到居民效益指标体系调查数据的KMO、Bartlett值，如表4-9和表4-10所示。计算结果显示原始数据是可靠的，适合于因子分析。总方差分解显示居民维度的综合因子有5个，见表4-11。碎石图见图4-2。

居民效益调查数据可靠性统计量　　**表4-9**

α值	基于标准化项的α值	项数
0.904	0.904	30

居民效益调查数据的KMO和Bartlett的检验　　**表4-10**

取样足够度的Kaiser-Meyer-Olkin度量		0.930
Bartlett的球形度检验	近似卡方	4533.043
	df	435
	Sig.	0.000

居民效益调查数据总方差分解　　表 4-11

成分	初始特征值			提取平方和载入			旋转平方和载入		
	合计	方差的 %	累积 %	合计	方差的 %	累积 %	合计	方差的 %	累积 %
1	13.300	44.333	44.333	13.300	44.333	44.333	5.582	18.607	18.607
2	2.871	9.570	53.903	2.871	9.570	53.903	4.223	14.077	32.685
3	1.684	5.614	59.516	1.684	5.614	59.516	3.943	13.142	45.827
4	1.412	4.707	64.224	1.412	4.707	64.224	3.442	11.473	57.299
5	1.210	4.035	68.258	1.210	4.035	68.258	3.288	10.959	68.258
6	0.935	3.117	71.376						
7	0.860	2.865	74.241						
8	0.750	2.500	76.741						
9	0.682	2.273	79.013						
10	0.568	1.892	80.905						
11	0.556	1.853	82.759						
12	0.479	1.597	84.355						
13	0.464	1.547	85.902						
14	0.423	1.410	87.313						
15	0.396	1.318	88.631						
16	0.380	1.267	89.898						
17	0.343	1.145	91.043						
18	0.321	1.071	92.114						
19	0.310	1.034	93.148						
20	0.292	0.973	94.121						
21	0.251	0.836	94.958						
22	0.223	0.743	95.700						
23	0.211	0.704	96.404						
24	0.185	0.615	97.020						
25	0.182	0.607	97.626						
26	0.173	0.577	98.203						
27	0.150	0.501	98.704						
28	0.141	0.470	99.174						
29	0.138	0.459	99.633						
30	0.110	0.367	100.000						

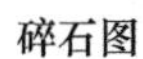

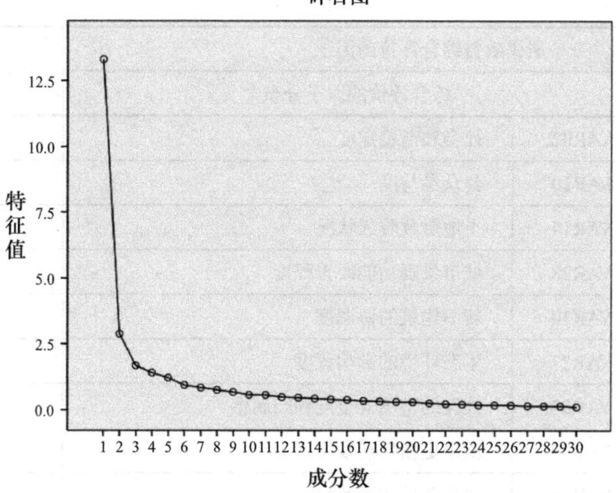

图 4-2　居民效益评价因子识别碎石图

根据正交方差的最大旋转结果，可以写出 5 个综合因子，命名为 F_{Res1}、F_{Res2}、F_{Res3}、F_{Res4}、F_{Res5}，每个综合因子中包含的变量信息如表 4-12 所示。

居民效益综合评价的因子结构　　表 4-12

居民效益综合评价的因子			因子荷载（降序）
综合因子	综合评价的因子分布		
F_{Res1}	VAR16	拆迁补偿和安置费水平	0.777
	VAR01	交通改善状况	0.732
	VAR11	企业收益和品牌提高状况	0.711
	VAR23	借款偿还期	0.695
	VAR26	土地利用强度	0.643
	VAR12	城市更新改造周期	0.566
	VAR20	动态投资回收期	0.554
F_{Res2}	VAR07	社会福利保障改善程度	0.700
	VAR05	生活和娱乐设施改善程度	0.690
	VAR18	文化教育的改善程度	0.649
	VAR29	建筑节能水平	0.579
	VAR24	环境质量改善状况	0.526

续表

居民效益综合评价的因子			因子荷载（降序）
综合因子	综合评价的因子分布		
F_{Res2}	VAR02	社会和谐稳定度	0.492
	VAR10	公众参与度	0.490
	VAR14	土地财政收入状况	0.402
F_{Res3}	VAR28	城市景观功能改善程度	0.767
	VAR30	新旧建筑的协调度	0.712
	VAR27	生态环境的影响程度	0.602
	VAR03	社区的整洁安全度和归属感	0.539
	VAR09	城市更新后续发展潜力	0.531
F_{Res4}	VAR06	居住条件改善状况	0.737
	VAR04	历史文化和城市风格的传承	0.690
	VAR08	公共基础设施的完善程度	0.676
	VAR25	土地利用率	0.583
F_{Res5}	VAR15	人均可支配收入状况	0.734
	VAR21	财务净现值	0.627
	VAR19	财务内部收益率	0.591
	VAR13	城市更新改造费用	0.586
	VAR17	租金收益水平	0.565
	VAR22	投资收益率	0.546

由表 4-12 中看出，第一综合成分包括拆迁补偿和安置费水平（VAR16）、交通改善状况（VAR01）、企业收益和品牌提高状况（VAR11）、借款偿还期（VAR23）、土地利用强度（VAR26）、城市更新改造周期（VAR12）、动态投资回收期（VAR20）等变量。这些变量反映了居民效益与城市更新的经济利益息息相关。

第二综合成分包括了社会福利保障改善程度（VAR07）、生活和娱乐设施改善程度（VAR05）、文化教育的改善程度（VAR18）、建筑节能水平（VAR29）、环境质量改善状况（VAR24）、社会和谐稳定度（VAR02）、公众参与度（VAR10）、土地财政收入状况（VAR14）等变量。这些变量从社会福利的角度反映了社会民生的诉求。

第三综合成分含有城市景观功能改善程度（VAR28）、新旧建筑的协调度（VAR30）、生态环境的影响程度（VAR27）、社区的整洁安全度和归属感（VAR03）、城市更新后续发展潜力（VAR09）等变量。这些变量从环境改善的角度反映居民效益。

第四综合成分由居住条件改善状况（VAR06）、历史文化和城市风格的传承（VAR04）、公共基础设施的完善程度（VAR08）、土地利用率（VAR25）等变量组成。这些变量从环境改善，土地利用角度反映居民效益。

第五综合成分包括了人均可支配收入状况（VAR15）、财务净现值（VAR21）、财务内部收益率（VAR19）、城市更新改造费用（VAR13）、租金收益水平（VAR17）、投资收益率（VAR22）等变量。这些变量从居民的经济利益角度反映居民效益。

3. 开发商效益评价指标体系因子识别

开发商效益的调查数据，如表 4-13 和表 4-14 所示。α 为 0.881，KMO 值为 0.890，Bartlett 检验结果的显著性为 0.000，表明原始数据是可靠的，适合进行因子分析。总方差分解显示开发商维度的综合因子有 5 个，见表 4-15。碎石图见图 4-3。

开发商效益调查数据可靠性统计量 **表 4-13**

α 值	基于标准化项的 α 值	项数
0.881	0.891	30

开发商效益调查数据的 KMO 和 Bartlett 的检验 **表 4-14**

取样足够度的 Kaiser-Meyer-Olkin 度量		0.890
Bartlett 的球形度检验	近似卡方	5567.974
	df	435
	Sig.	0.000

开发商效益调查数据的总方差分解 **表 4-15**

成分	初始特征值			提取平方和载入			旋转平方和载入		
	合计	方差的 %	累积 %	合计	方差的 %	累积 %	合计	方差的 %	累积 %
1	14.282	47.608	47.608	14.282	47.608	47.608	6.864	22.881	22.881
2	2.721	9.069	56.677	2.721	9.069	56.677	4.376	14.585	37.466

续表

成分	初始特征值			提取平方和载入			旋转平方和载入		
	合计	方差的 %	累积 %	合计	方差的 %	累积 %	合计	方差的 %	累积 %
3	1.725	5.750	62.427	1.725	5.750	62.427	3.883	12.945	50.411
4	1.433	4.776	67.203	1.433	4.776	67.203	3.303	11.010	61.421
5	1.247	4.155	71.358	1.247	4.155	71.358	2.981	9.937	71.358
6	0.993	3.311	74.669						
7	0.882	2.939	77.608						
8	0.826	2.753	80.362						
9	0.639	2.129	82.490						
10	0.561	1.869	84.359						
11	0.489	1.631	85.990						
12	0.466	1.555	87.545						
13	0.422	1.406	88.951						
14	0.374	1.248	90.199						
15	0.356	1.186	91.386						
16	0.321	1.069	92.455						
17	0.297	0.989	93.444						
18	0.270	0.900	94.344						
19	0.235	0.783	95.126						
20	0.217	0.722	95.848						
21	0.189	0.629	96.477						
22	0.180	0.602	97.079						
23	0.171	0.570	97.648						
24	0.157	0.522	98.171						
25	0.135	0.449	98.620						
26	0.113	0.377	98.997						
27	0.106	0.352	99.349						
28	0.088	0.294	99.642						
29	0.057	0.191	99.833						
30	0.050	0.167	100.000						

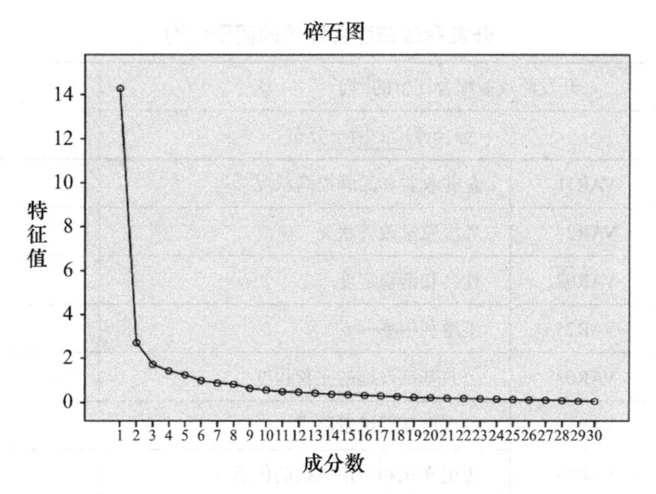

图 4-3　开发商效益评价因子识别碎石图

命名 5 个综合因子为 F_{Des1}、F_{Des2}、F_{Des3}、F_{Des4}、F_{Des5}，各综合因子包含的变量信息见表 4-16。

由表 4-16 中看出，第一综合成分包括企业收益和品牌提高状况（VAR11）、环境质量改善状况（VAR24）、社会和谐稳定度（VAR02）、土地利用率（VAR25）、公共基础设施的完善程度（VAR08）、城市更新后续发展潜力（VAR09）、历史文化和城市风格的传承（VAR04）、交通改善状况（VAR01）、建筑节能水平（VAR29）等变量。这些变量从城市更新给开发商带来的品牌效应以及给城市带来改变的角度综合反映开发商效益。

第二综合成分包括投资收益率（VAR22）、动态投资回收期（VAR20）、财务净现值（VAR21）、城市更新改造周期（VAR12）、借款偿还期（VAR23）、财务内部收益率（VAR19）、土地利用强度（VAR26）等变量。这些变量从财务状况方面反映开发商的收益。

第三综合成分包括城市更新改造费用（VAR13）、拆迁补偿和安置费水平（VAR16）、土地财政收入状况（VAR14）、文化教育的改善程度（VAR18）、租金收益水平（VAR17）等变量。这些变量从经济利益角度反映开发商效益。

第四综合成分包括公众参与度（VAR10）、生活和娱乐设施改善程度（VAR05）、社会福利保障改善程度（VAR07）、人均可支配收入状况（VAR15）、居住条件改善状况（VAR06）等变量。这些变量从改善居民的社会福利角度反映开发商效益。

开发商效益综合评价的因子结构 **表 4-16**

开发商效益综合评价的因子			因子荷载（降序）
综合因子	综合评价的因子分布		
F_{Des1}	VAR11	企业收益和品牌提高状况	0.794
	VAR24	环境质量改善状况	0.776
	VAR02	社会和谐稳定度	0.759
	VAR25	土地利用率	0.731
	VAR08	公共基础设施的完善程度	0.703
	VAR09	城市更新后续发展潜力	0.672
	VAR04	历史文化和城市风格的传承	0.655
	VAR01	交通改善状况	0.643
	VAR29	建筑节能水平	0.631
F_{Des2}	VAR22	投资收益率	0.767
	VAR20	动态投资回收期	0.695
	VAR21	财务净现值	0.690
	VAR12	城市更新改造周期	0.555
	VAR23	借款偿还期	0.550
	VAR19	财务内部收益率	0.512
	VAR26	土地利用强度	0.501
F_{Des3}	VAR13	城市更新改造费用	0.859
	VAR16	拆迁补偿和安置费水平	0.775
	VAR14	土地财政收入状况	0.567
	VAR18	文化教育的改善程度	0.539
	VAR17	租金收益水平	0.498
F_{Des4}	VAR10	公众参与度	0.767
	VAR05	生活和娱乐设施改善程度	0.665
	VAR07	社会福利保障改善程度	0.605
	VAR15	人均可支配收入状况	0.599
	VAR06	居住条件改善状况	0.423

续表

开发商效益综合评价的因子			因子荷载（降序）
综合因子	综合评价的因子分布		
F_{Des5}	VAR30	新旧建筑的协调度	0.814
	VAR27	生态环境的影响程度	0.608
	VAR03	社区的整洁安全度和归属感	0.528
	VAR28	城市景观功能改善程度	0.528

第五综合成分包括新旧建筑的协调度（VAR30）、生态环境的影响程度（VAR27）、社区的整洁安全度和归属感（VAR03）、城市景观功能改善程度（VAR28）等变量。这些变量从环境的改善反映开发商效益。

二、发展效益评价指标体系的因子识别

1. 社会效益评价指标体系因子识别

社会效益维度问卷调查数据中，计算结果如表 4-17 和表 4-18 所示，α 为 0.908，KMO 值为 0.890，Bartlett 检验结果的显著性为 0.000，表明原始数据是可靠的，适合因子分析。

社会效益调查数据可靠性统计量　　表 4-17

α 值	基于标准化项的 α 值	项数
0.908	0.909	30

社会效益调查数据的 KMO 和 Bartlett 的检验　　表 4-18

取样足够度的 Kaiser-Meyer-Olkin 度量		0.890
Bartlett 的球形度检验	近似卡方	5561.960
	df	435
	Sig.	0.000

总方差分解显示社会效益维度的综合因子有 5 个，见表 4-19。碎石图见图 4-4。根据正交方差的最大旋转结果，从 30 个调查变量可以提取出 5 个综合因子，命名为 F_{Sos1}、F_{Sos2}、F_{Sos3}、F_{Sos4}、F_{Sos5}，各综合因子包含的变量信息见表 4-20。

社会效益调查数据的总方差分解　　表 4-19

成分	初始特征值			提取平方和载入			旋转平方和载入		
	合计	方差的 %	累积 %	合计	方差的 %	累积 %	合计	方差的 %	累积 %
1	13.928	46.426	46.426	13.928	46.426	46.426	6.248	20.827	20.827
2	3.310	11.035	57.461	3.310	11.035	57.461	5.285	17.617	38.444
3	1.693	5.645	63.106	1.693	5.645	63.106	3.445	11.482	49.926
4	1.446	4.821	67.927	1.446	4.821	67.927	3.372	11.240	61.166
5	1.191	3.969	71.897	1.191	3.969	71.897	3.219	10.731	71.897
6	0.952	3.173	75.070						
7	0.926	3.086	78.156						
8	0.714	2.381	80.537						
9	0.683	2.278	82.815						
10	0.549	1.831	84.646						
11	0.507	1.690	86.337						
12	0.442	1.473	87.809						
13	0.378	1.259	89.068						
14	0.374	1.245	90.314						
15	0.327	1.089	91.403						
16	0.300	1.000	92.403						
17	0.277	0.922	93.325						
18	0.267	0.891	94.216						
19	0.234	0.779	94.995						
20	0.214	0.715	95.710						
21	0.198	0.661	96.371						
22	0.188	0.627	96.998						
23	0.173	0.577	97.575						
24	0.167	0.557	98.133						
25	0.136	0.452	98.585						
26	0.116	0.386	98.971						
27	0.091	0.303	99.274						
28	0.088	0.292	99.565						

续表

成分	初始特征值			提取平方和载入			旋转平方和载入		
	合计	方差的 %	累积 %	合计	方差的 %	累积 %	合计	方差的 %	累积 %
29	0.080	0.267	99.832						
30	0.050	0.168	100.000						

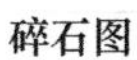

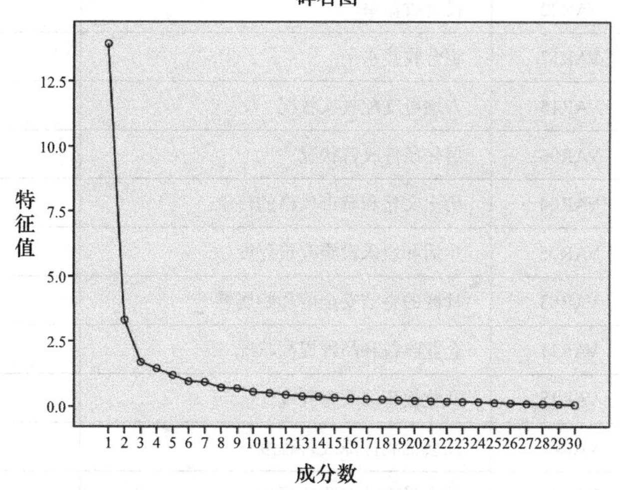

图 4-4　社会效益评价因子识别碎石图

社会效益综合评价的因子结构　　表 4-20

社会效益综合评价的因子			因子荷载（降序）
综合因子	综合评价的因子分布		
F_{Sos1}	VAR08	公共基础设施的完善程度	0.796
	VAR20	动态投资回收期	0.792
	VAR19	财务内部收益率	0.783
	VAR14	土地财政收入状况	0.710
	VAR13	城市更新改造费用	0.682
	VAR16	拆迁补偿和安置费水平	0.663
	VAR21	财务净现值	0.538
	VAR23	借款偿还期	0.535

续表

社会效益综合评价的因子			因子荷载（降序）
综合因子	综合评价的因子分布		
F_{Sos2}	VAR10	公众参与度	0.838
	VAR12	城市更新改造周期	0.809
	VAR02	社会和谐稳定度	0.776
	VAR22	投资收益率	0.738
	VAR17	租金收益水平	0.725
	VAR15	人均可支配收入状况	0.559
	VAR06	居住条件改善状况	0.416
F_{Sos3}	VAR04	历史文化和城市风格的传承	0.852
	VAR05	生活和娱乐设施改善程度	0.607
	VAR03	社区的整洁安全度和归属感	0.551
	VAR11	企业收益和品牌提高状况	0.526
	VAR18	文化教育的改善程度	0.519
	VAR07	社会福利保障改善程度	0.452
F_{Sos4}	VAR28	城市景观功能改善程度	0.777
	VAR24	环境质量改善状况	0.763
	VAR27	生态环境的影响程度	0.596
	VAR01	交通改善状况	0.554
F_{Sos5}	VAR09	城市更新后续发展潜力	0.678
	VAR30	新旧建筑的协调度	0.675
	VAR29	建筑节能水平	0.575
	VAR25	土地利用率	0.425
	VAR26	土地利用强度	0.408

由表4-20中看出，第一综合成分包括公共基础设施的完善程度（VAR08）、动态投资回收期（VAR20）、财务内部收益率（VAR19）、土地财政收入状况（VAR14）、城市更新改造费用（VAR13）、拆迁补偿和安置费水平（VAR16）、财务净现值（VAR21）、借款偿还期（VAR23）等变量。这些变量表明了经济投资

可以促进社会发展，因此对反映社会效益有着重要的评价作用。

第二综合成分包括公众参与度（VAR10）、城市更新改造周期（VAR12）、社会和谐稳定度（VAR02）、投资收益率（VAR22）、租金收益水平（VAR17）、人均可支配收入状况（VAR15）、居住条件改善状况（VAR06）等变量。这些变量反映了公众的感受和需求对社会效益评价的必要性。

第三综合成分包括历史文化和城市风格的传承（VAR04）、生活和娱乐设施改善程度（VAR05）、社区的整洁安全度和归属感（VAR03）、企业收益和品牌提高状况（VAR11）、文化教育的改善程度（VAR18）、社会福利保障改善程度（VAR07）等变量。这些变量反映了从历史文化和社会民生的角度对社会效益评价具有重要参考意义。

第四综合成分包括城市景观功能改善程度（VAR28）、环境质量改善状况（VAR24）、生态环境的影响程度（VAR27）、交通改善状况（VAR01）等变量。这些变量表明了评价社会效益需要考虑生态景观环境的变化。

第五综合成分包括城市更新后续发展潜力（VAR09）、新旧建筑的协调度（VAR30）、建筑节能水平（VAR29）、土地利用率（VAR25）、土地利用强度（VAR26）等变量。这些变量反映了城市的更新发展对社会效益具有积极的促进作用。

2. 经济效益评价指标体系因子识别

经济效益维度调查数据中，计算结果如表 4-21 和表 4-22 所示，数据显示原始数据可靠，适合做因子分析。总方差分解显示经济效益维度的综合因子有 6 个，如表 4-23 所示。碎石图见图 4-5。

经济效益调查数据可靠性统计量　　**表 4-21**

α 值	基于标准化项的 α 值	项数
0.887	0.888	30

经济效益调查数据的 KMO 和 Bartlett 的检验　　**表 4-22**

取样足够度的 Kaiser-Meyer-Olkin 度量		0.868
Bartlett 的球形度检验	近似卡方	4857.940
	df	435
	Sig.	0.000

经济效益调查数据总方差分解 **表 4-23**

成分	初始特征值			提取平方和载入			旋转平方和载入		
	合计	方差的 %	累积 %	合计	方差的 %	累积 %	合计	方差的 %	累积 %
1	12.260	40.865	40.865	12.260	40.865	40.865	4.872	16.239	16.239
2	3.028	10.093	50.958	3.028	10.093	50.958	4.015	13.382	29.621
3	2.049	6.830	57.789	2.049	6.830	57.789	3.474	11.580	41.202
4	1.492	4.975	62.764	1.492	4.975	62.764	3.463	11.542	52.744
5	1.302	4.341	67.105	1.302	4.341	67.105	3.073	10.243	62.987
6	1.194	3.981	71.086	1.194	3.981	71.086	2.429	8.098	71.086
7	0.972	3.239	74.325						
8	0.910	3.034	77.359						
9	0.724	2.413	79.772						
10	0.679	2.264	82.035						
11	0.582	1.940	83.976						
12	0.548	1.828	85.804						
13	0.480	1.599	87.403						
14	0.447	1.491	88.894						
15	0.418	1.393	90.287						
16	0.393	1.312	91.598						
17	0.323	1.076	92.675						
18	0.290	0.966	93.640						
19	0.258	0.862	94.502						
20	0.244	0.813	95.315						
21	0.225	0.750	96.065						
22	0.204	0.680	96.746						
23	0.176	0.588	97.333						
24	0.158	0.527	97.860						
25	0.142	0.475	98.335						
26	0.134	0.445	98.780						
27	0.108	0.362	99.141						
28	0.101	0.337	99.478						
29	0.093	0.310	99.788						
30	0.064	0.212	100.000						

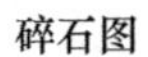

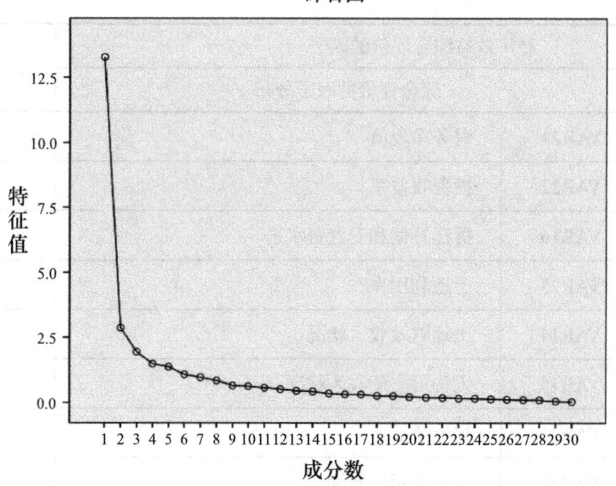

图 4-5　经济效益评价因子识别碎石图

从 30 个调查变量中可以提取出 6 个综合因子，分别命名为 F_{Ecs1}、F_{Ecs2}、F_{Ecs3}、F_{Ecs4}、F_{Ecs5}、F_{Ecs6}，各综合因子包含的变量信息见表 4-24。

经济效益综合评价的因子结构　　表 4-24

经济效益综合评价的因子			因子荷载（降序）
综合因子	综合评价的因子分布		
F_{Ecs1}	VAR01	交通改善状况	0.809
	VAR30	新旧建筑的协调度	0.775
	VAR28	城市景观功能改善程度	0.748
	VAR24	环境质量改善状况	0.725
	VAR08	公共基础设施的完善程度	0.605
	VAR27	生态环境的影响程度	0.542
	VAR23	借款偿还期	0.515
	VAR26	土地利用强度	0.497
F_{Ecs2}	VAR13	城市更新改造费用	0.739
	VAR12	城市更新改造周期	0.663
	VAR19	财务内部收益率	0.643

续表

经济效益综合评价的因子			因子荷载（降序）
综合因子	综合评价的因子分布		
F_{Ecs2}	VAR21	财务净现值	0.580
	VAR22	投资收益率	0.579
	VAR16	拆迁补偿和安置费水平	0.561
F_{Ecs3}	VAR25	土地利用率	0.739
	VAR14	土地财政收入状况	0.688
	VAR15	人均可支配收入状况	0.666
	VAR29	建筑节能水平	0.546
	VAR20	动态投资回收期	0.476
F_{Ecs4}	VAR07	社会福利保障改善程度	0.857
	VAR17	租金收益水平	0.706
	VAR05	生活和娱乐设施改善程度	0.593
	VAR10	公众参与度	0.581
F_{Ecs5}	VAR02	社会和谐稳定度	0.762
	VAR03	社区的整洁安全度和归属感	0.642
	VAR09	城市更新后续发展潜力	0.622
	VAR06	居住条件改善状况	0.583
F_{Ecs6}	VAR11	企业收益和品牌提高状况	0.704
	VAR18	文化教育的改善程度	0.593
	VAR04	历史文化和城市风格的传承	0.572

由表4-24可以看出，第一综合成分包括交通改善状况（VAR01）、新旧建筑的协调度（VAR30）、城市景观功能改善程度（VAR28）、环境质量改善状况（VAR24）、公共基础设施的完善程度（VAR08）、生态环境的影响程度（VAR27）、借款偿还期（VAR23）、土地利用强度（VAR26）等变量。这些变量表明了评价经济效益要综合考虑对城市环境和生活设施等方面的改善。

第二综合成分包含城市更新改造费用（VAR13）、城市更新改造周期（VAR12）、财务内部收益率（VAR19）、财务净现值（VAR21）、投资收益率

（VAR22）、拆迁补偿和安置费水平（VAR16）等变量。这些变量反映了城市更新建设和投资对经济效益评价的影响。

第三综合成分包含土地利用率（VAR25）、土地财政收入状况（VAR14）、人均可支配收入状况（VAR15）、建筑节能水平（VAR29）、动态投资回收期（VAR20）等变量。该综合因子包含的变量反映了城市空间的再利用和城市更新的成果对经济效益的重要影响。

第四综合成分包括社会福利保障改善程度（VAR07）、租金收益水平（VAR17）、生活和娱乐设施改善程度（VAR05）、公众参与度（VAR10）等变量。这些变量反映了城市更新追求经济效益要关注城市更新利益相关者，特别是原居民的利益诉求。

第五综合成分包括了社会和谐稳定度（VAR02）、社区的整洁安全度和归属感（VAR03）、城市更新后续发展潜力（VAR09）、居住条件改善状况（VAR06）等变量。该综合因子包含的这些变量说明了保持社会和谐稳定对经济发展和效益具有重要作用。

第六综合成分包括了企业收益和品牌提高状况（VAR11）、文化教育的改善程度（VAR18）、历史文化和城市风格的传承（VAR04）等变量。这些变量说明了历史文化和企业文化的传承对经济发展具有一定的贡献。

3. 环境效益评价指标体系因子识别

环境效益维度调查数据中，计算结果如表 4-25 和表 4-26 所示，统计数据说明原始数据可靠，适合做因子分析。总方差分解显示环境效益维度的综合因子有 6 个，见表 4-27。碎石图见图 4-6。

环境效益调查数据可靠性统计量　　　　**表 4-25**

α 值	基于标准化项的 α 值	项数
0.854	0.855	30

环境效益调查数据的 KMO 和 Bartlett 的检验　　　　**表 4-26**

取样足够度的 Kaiser-Meyer-Olkin 度量		0.820
Bartlett 的球形度检验	近似卡方	5503.496
	df	435
	Sig.	0.000

环境效益调查数据总方差分解　　表 4-27

成分	初始特征值			提取平方和载入			旋转平方和载入		
	合计	方差的 %	累积 %	合计	方差的 %	累积 %	合计	方差的 %	累积 %
1	13.274	44.246	44.246	13.274	44.246	44.246	5.424	18.081	18.081
2	2.865	9.551	53.798	2.865	9.551	53.798	4.180	13.933	32.014
3	1.943	6.477	60.275	1.943	6.477	60.275	3.644	12.147	44.161
4	1.482	4.940	65.215	1.482	4.940	65.215	3.432	11.439	55.600
5	1.373	4.576	69.791	1.373	4.576	69.791	2.877	9.589	65.189
6	1.077	3.590	73.381	1.077	3.590	73.381	2.458	8.192	73.381
7	0.967	3.224	76.605						
8	0.844	2.815	79.420						
9	0.654	2.179	81.599						
10	0.627	2.089	83.688						
11	0.569	1.898	85.586						
12	0.517	1.723	87.309						
13	0.453	1.509	88.818						
14	0.427	1.422	90.240						
15	0.350	1.166	91.406						
16	0.316	1.052	92.459						
17	0.314	1.048	93.507						
18	0.263	0.876	94.382						
19	0.256	0.853	95.235						
20	0.216	0.721	95.956						
21	0.195	0.650	96.606						
22	0.184	0.614	97.220						
23	0.162	0.539	97.758						
24	0.157	0.523	98.281						
25	0.132	0.440	98.721						
26	0.117	0.390	99.111						
27	0.099	0.331	99.442						
28	0.092	0.306	99.748						
29	0.046	0.155	99.903						
30	0.029	0.097	100.000						

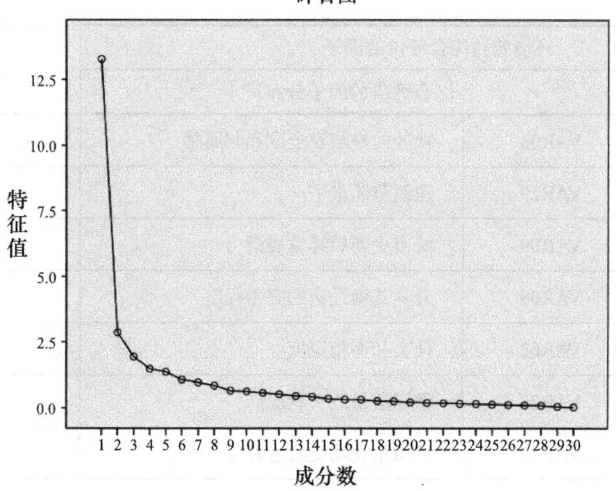

图 4-6　环境效益评价因子识别碎石图

根据正交方差的最大旋转结果，从 30 个调查变量中可以提取出 6 个综合因子，命名为 F_{Ens1}、F_{Ens2}、F_{Ens3}、F_{Ens4}、F_{Ens5}、F_{Ens6}，详见表 4-28。

环境效益综合评价的因子结构　　表 4-28

环境效益综合评价的因子			因子荷载（降序）
综合因子	综合评价的因子分布		
F_{Ens1}	VAR14	土地财政收入状况	0.818
	VAR13	城市更新改造费用	0.813
	VAR16	拆迁补偿和安置费水平	0.748
	VAR21	财务净现值	0.638
	VAR20	动态投资回收期	0.581
	VAR19	财务内部收益率	0.572
	VAR23	借款偿还期	0.569
F_{Ens2}	VAR06	居住条件改善状况	0.835
	VAR15	人均可支配收入状况	0.806
	VAR17	租金收益水平	0.651
	VAR22	投资收益率	0.577
	VAR07	社会福利保障改善程度	0.541

续表

环境效益综合评价的因子			因子荷载（降序）
综合因子	综合评价的因子分布		
F_{Ens3}	VAR03	社区的整洁安全度和归属感	0.668
	VAR29	建筑节能水平	0.643
	VAR09	城市更新后续发展潜力	0.631
	VAR08	公共基础设施的完善程度	0.603
	VAR02	社会和谐稳定度	0.580
F_{Ens4}	VAR24	环境质量改善状况	0.779
	VAR28	城市景观功能改善程度	0.669
	VAR27	生态环境的影响程度	0.621
	VAR30	新旧建筑的协调度	0.521
	VAR25	土地利用率	0.518
F_{Ens5}	VAR26	土地利用强度	0.681
	VAR12	城市更新改造周期	0.667
	VAR01	交通改善状况	0.603
	VAR10	公众参与度	0.534
F_{Ens6}	VAR18	文化教育的改善程度	0.707
	VAR04	历史文化和城市风格的传承	0.624
	VAR05	生活和娱乐设施改善程度	0.576
	VAR11	企业收益和品牌提高状况	0.477

从表4-28可以看出，第一综合成分包括土地财政收入状况（VAR14）、城市更新改造费用（VAR13）、拆迁补偿和安置费水平（VAR16）、财务净现值（VAR21）、动态投资回收期（VAR20）、财务内部收益率（VAR19）、借款偿还期（VAR23）等变量。这些变量反映了改造投资对环境效益具有重要的影响作用。

第二综合成分包含居住条件改善状况（VAR06）、人均可支配收入状况（VAR15）、租金收益水平（VAR17）、投资收益率（VAR22）、社会福利保障改善程度（VAR07）等变量。这些变量说明评价环境效益要考虑社会民生的改善。

第三综合成分包含社区的整洁安全度和归属感（VAR03）、建筑节能水平（VAR29）、城市更新后续发展潜力（VAR09）、公共基础设施的完善程度（VAR08）、社会和谐稳定度（VAR02）等变量。该综合因子反映了社会环境对于环境的改善和评价环境效益的重要影响。

第四综合成分包括环境质量改善状况（VAR24）、城市景观功能改善程度（VAR28）、生态环境的影响程度（VAR27）、新旧建筑的协调度（VAR30）、土地利用率（VAR25）等变量。这些变量反映了城市自然景观环境的变化对于环境效益的重要影响。

第五综合成分包括了土地利用强度（VAR26）、城市更新改造周期（VAR12）、交通改善状况（VAR01）、公众参与度（VAR10）等变量。这些变量反映了公众的需求和感受对环境变化的需求。

第六综合成分包括文化教育的改善程度（VAR18）、历史文化和城市风格的传承（VAR04）、生活和娱乐设施改善程度（VAR05）、企业收益和品牌提高状况（VAR11）等变量。这些变量反映了历史文化和人类习俗对环境利益的需求。

4.4　综合效益评价指标体系

一、R-G-D 模式的综合效益评价指标体系

以上各小节分别抽取了利益相关者，诸如政府、居民、开发商和社会、经济、环境各评价指标体系的公因子以及所包含的变量。通过正交方差最大旋转提取的主成分包含了各自的变量维数和信息以及荷载量。Tabachnick [136] 认为因子载荷是原有变量指标和潜在变量指标之间的协方差，荷载量最高的因子被认为代表了该主成分，也即综合因子的大部分信息，所以选择载荷最大的变量能够在很大程度上代表了该主成分。URA 认为重新定义一个变量名称代表多个因素是不可取的 [137]。因此，选取拥有最大荷载量的变量作为综合因子组成指标体系框架，构建 R-G-D 模式的综合效益评价指标体系，见图 4-7。

二、G-R-D 模式和 D-G-R 模式的综合效益评价指标体系

用相同的方法可建立 G-R-D 模式和 D-G-R 模式的综合效益评价指标体系，见图 4-8 和图 4-9。

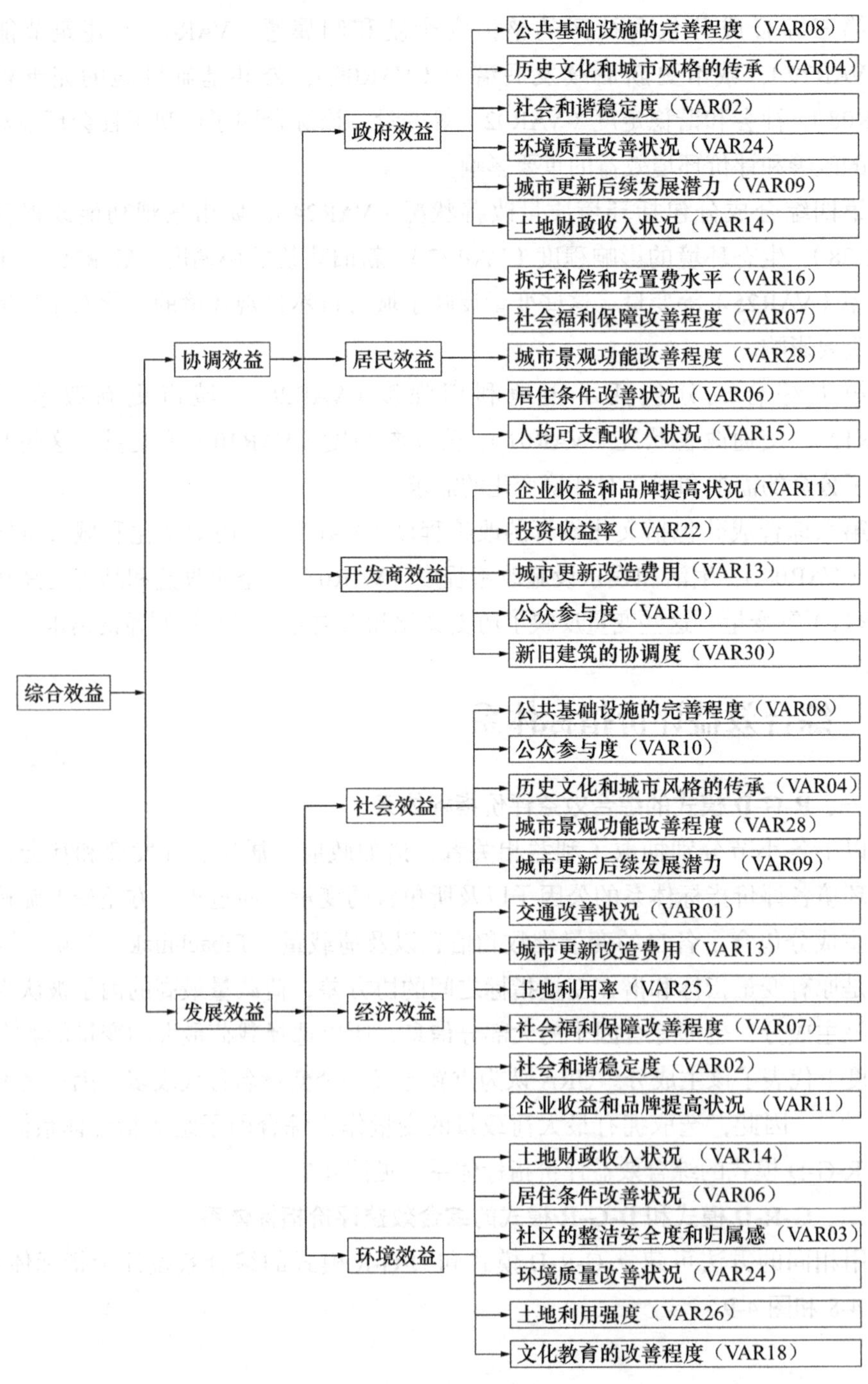

图 4-7 R-G-D模式的城市更新综合效益评价指标体系

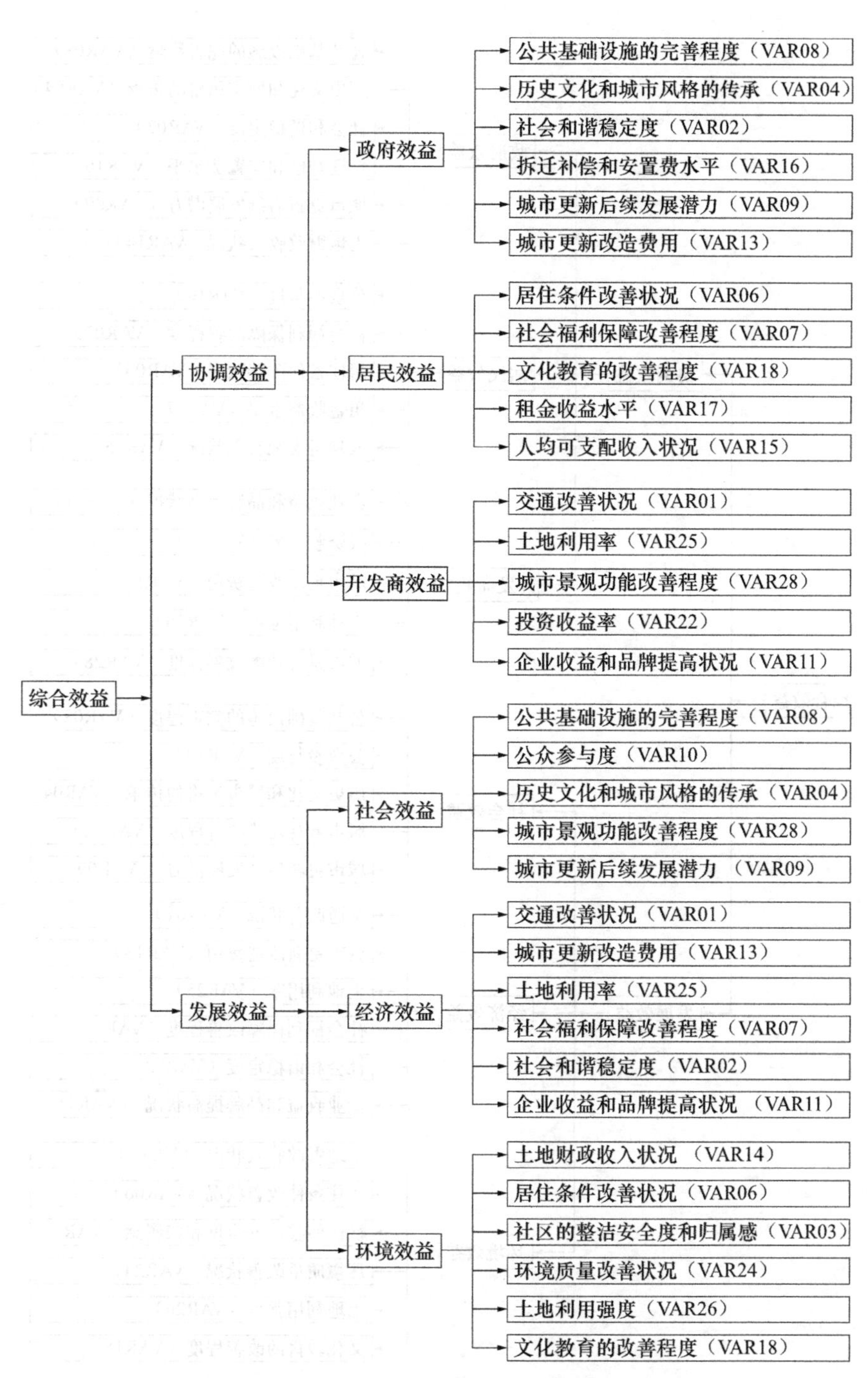

图 4-8　G-R-D模式的城市更新综合效益评价指标体系

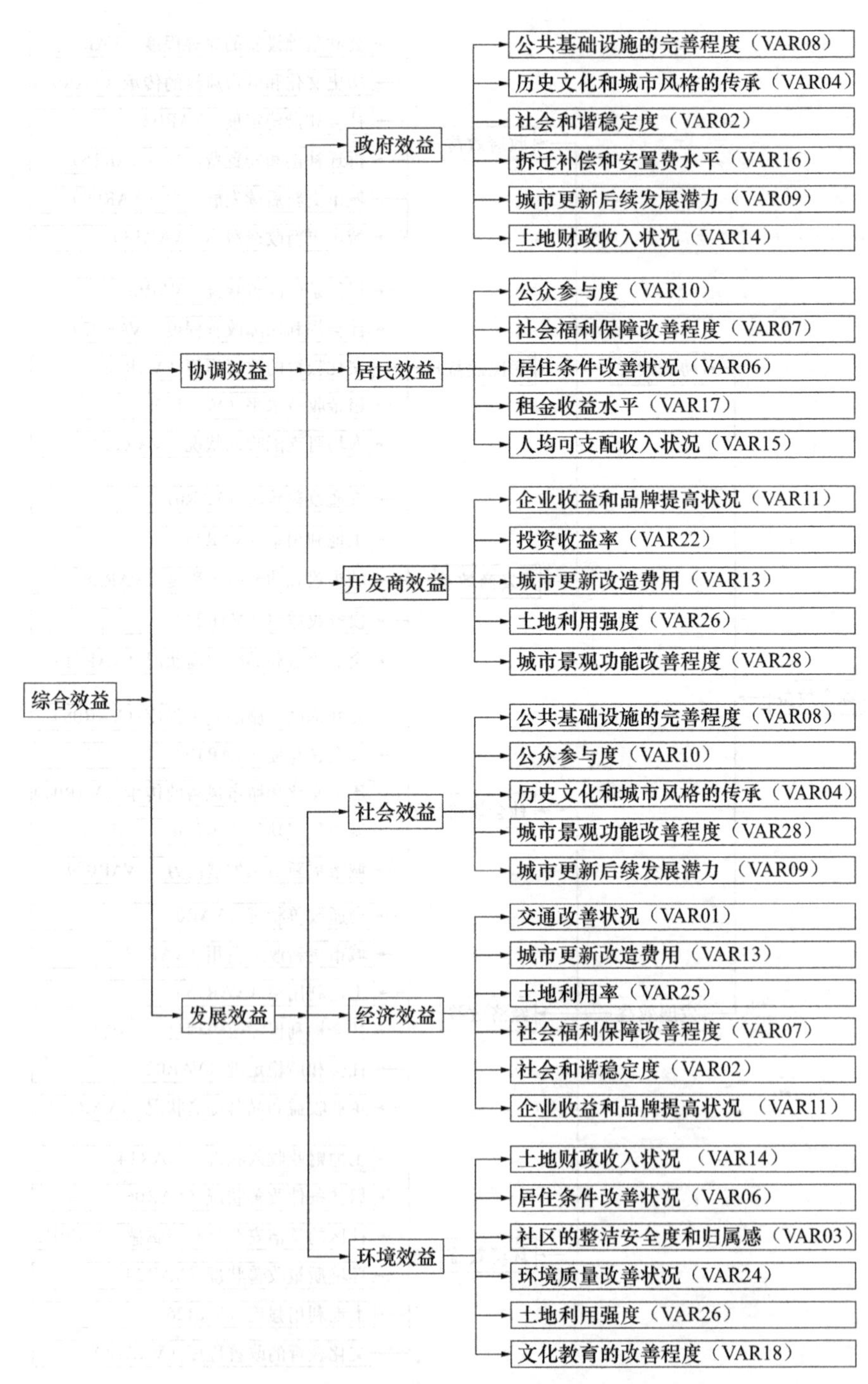

图 4-9 D-G-R模式的城市更新综合效益评价指标体系

4.5 本章小结

本章设计了协调效益和发展效益两个评价指标体系六个维度来评价城市更新的综合效益，其中协调效益评价指标体系包括政府、居民和开发商效益，发展效益评价指标体系包括社会，经济和环境效益。在文献研究和专家或专业人士建议的基础上，根据指标设计原则，通过设计初始问卷，预调查和修订问卷的步骤，然后再征询专家、城市建设管理者、社会公众等意见，提炼出有代表性的 30 个城市更新综合效益评价影响因子。运用因子分析法，根据因子荷载大小，抽取公因子，找出 R-G-D、G-R-D 和 D-G-R 三种城市更新模式的综合效益评价指标体系所包含的主要指标，从而构建出城市更新综合效益评价指标体系。主要结论如下：

1. 在 R-G-D 模式中，协调效益评价指标体系下的政府效益的评价指标有 6 个，分别为公共基础设施的完善程度、历史文化和城市风格的传承、社会和谐稳定度、环境质量改善状况、城市更新后续发展潜力、土地财政收入状况；居民效益的评价指标有 5 个，分别为拆迁补偿和安置费水平、社会福利保障改善程度、城市景观功能改善程度、居住条件改善状况、人均可支配收入状况；开发商效益的评价指标有 5 个，分别为企业收益和品牌提高状况、投资收益率、城市更新改造费用、公众参与度、新旧建筑的协调度。发展效益评价指标体系下的社会效益的评价指标有 5 个，分别为公共基础设施的完善程度、公众参与度、历史文化和城市风格的传承、城市景观功能改善程度、城市更新后续发展潜力；经济效益的评价指标有 6 个，分别为交通改善状况、城市更新改造费用、土地利用率、社会福利保障改善程度、社会和谐稳定度、企业收益和品牌提高状况；环境效益的评价指标有 6 个，分别为土地财政收入状况、居住条件改善状况、社区的整洁安全度和归属感、环境质量改善状况、土地利用强度、文化教育的改善程度。

2. 在 G-R-D 模式中，协调效益评价指标体系下的政府效益有 6 个评价指标，分别是公共基础设施的完善程度、历史文化和城市风格的传承、社会和谐稳定度、拆迁补偿和安置费水平、城市更新后续发展潜力、城市更新改造费用；居民效益有 5 个评价指标，分别为居住条件改善状况、社会福利保障改善程度、文化教育的改善程度、租金收益水平、人均可支配收入状况；开发商效益有 5 个评价指标分别为交通改善状况、土地利用率、城市景观功能改善程度、投资收益率、企业收益和品牌提高状况。发展效益评价指标体系的评价指标和 R-G-D 模式的相同。

3. 在 D-G-R 模式中，协调效益评价指标体系下的政府效益有 6 个评价指标，分别是公共基础设施的完善程度、历史文化和城市风格的传承、社会和谐稳定度、拆迁补偿和安置费水平、城市更新后续发展潜力、土地财政收入状况；居民效益有 5 个评价指标，分别为公众参与度、社会福利保障改善程度、居住条件改善状况、租金收益水平、人均可支配收入状况；开发商效益有 5 个评价指标，分别为企业收益和品牌提高状况、投资收益率、城市更新改造费用、土地利用强度、城市景观功能改善程度。发展效益评价指标体系的评价指标和 R-G-D 模式的相同。

4. 三种模式下表征发展状态的发展效益指标体系是相同的，但表征协调状态的协调效益指标体系有差别，主要有：R-G-D 模式下，政府关注环境质量改善状况和土地财政收入状况，居民重视拆迁补偿和安置费水平、城市景观功能改善程度，开发商关注城市更新改造费用、公众参与度和新旧建筑的协调度；G-R-D 模式下，政府关注拆迁补偿和安置费水平和城市更新改造费用，居民关心文化教育的改善程度和租金收益水平，开发商关注交通改善状况、土地利用率和城市景观功能改善程度；D-G-R 模式下，政府关注拆迁补偿和安置费水平和土地财政收入状况，居民关注公众参与度，开发商关注土地利用强度。

第 5 章　城市更新综合效益评价模型构建

在第 4 章已经构建的城市更新综合效益评价指标体系的基础上，本章采用信息熵理论分析确定主成分分析中各维度和各指标的权重参数，使评价方法中的权重更加客观准确，从而构建综合城市更新综合效益评价模型。

5.1　城市更新综合效益评价的目的和原则

5.1.1　评价的目的

城市更新的发展目标是推进城市化，提升城市综合实力、促进城市可持续发展。因此，有必要建立可靠的城市更新综合效益评价模型，用于综合分析城市更新项目，并基于发展目标，制定考虑利益相关者利益的城市更新方案，实施符合地区特点的城市更新模式，实现城市发展的目标。

5.1.2　评价的原则

为能科学、客观、合理的评价综合效益，评价应遵守以下原则：

一、以人为本的原则

近几年，我国经济高速发展，社会和城市面貌随之发生较大改变，所以人们觉得经济的高速发展是城市更新向好发展的必备基础。经济增长对城市更新确实起到加速器的作用。但城市更新本质是以城市可持续发展为目标，以服务城市居民为宗旨。在突出经济发展的重要性的同时，城市更新也要贯彻以人为本的发展原则，确立人在城市发展的主体地位，使城市经济发展更合理，这样既能使城市更新符合社会、经济发展的需要也可以将更多的人力因素纳入城市更新体系。因此，评价城市更新综合效益，要关注城市更新方案和模式是否符合以人为本的原则，是否能最大程度避免或解决社会各种矛盾，使人们共享城市发展成果。

二、可持续发展原则

城市更新应该秉持可持续发展原则，不应该过分注重经济利益，努力促进人与环境和谐发展、建筑和环境的协调统一、保护和传承历史文化城市文脉，既不会牺牲后代的生存空间，也能满足当代人的需求，倡导城市更新可持续发展。

三、实事求是原则

综合评价要依据真实、可靠的资料，以实事求是的态度审视城市更新方案等各阶段的工作是否符合城市发展的目标，使评价结果能客观反映城市更新的真实面貌，总结归纳出具有指导意义的结论，以让更多的城市更新项目得以借鉴和参考。

5.2 评价的内容

城市更新作为一种社会行为，必须充分考虑多方面的行为效益。利益相关群体都有各自关注的效益。例如，居民考虑生活环境、福利保障等，政府考虑城市形象、经济发展等，开发商主要考虑的是投资利润。由此可见，评价城市更新不能仅仅参考经济效益，还需要综合参考生态环境和社会民生等效益以及利益相关群体的效益，从多维度多角度综合判定。

5.2.1 政府评价

政府是城市更新政策的制定者和推动者，希望通过实施城市更新提升城市形象、增加土地价值、维护社会稳定。但是城市更新的拆迁成本、政府财政收入等也是不可忽视的目标。因此政府效益既包括改造的成本也包括改造后的城市实力的提升等政治目标。

5.2.2 居民评价

相对政府和开发商，居民是弱势群体，在城市更新过程中，居民存在着两方面的矛盾：首先他们希望摆脱脏、乱、臭的生活环境和混乱的治安环境，但是他们也担心会永久失去土地或者宅基地、出租房租金，以后的基本生活和利益得不到保障。在与政府或者开发商进行博弈时，居民往往采取索要拆迁安置费或者拖延拆迁的策略以寻求最大的利益。因此，居民所关心的是城市更新的拆迁补偿、社会保障、生活来源和后续发展问题。居民效益可以概括为生存与发展的效益。

5.2.3 开发商评价

开发商的参与是城市更新所需资金的重要来源。但是开发商介入的主要目的是为了获得投资利润，能否获得合理的利润就成为他们能否积极参与城市更新的决定性因素。此外，开发商企业形象和品牌的提升也是开发商的关注点之一。因此，开发商效益主要是和盈利与否有关的财务指标。

5.2.4　社会评价

以人为本的原则决定了城市更新首先要考虑人的感受，这是最直接反映社会效益的方式。实现社会效益就是最大限度满足人们日益增长的物质和精神的需要，这包括社会的和谐稳定、生活环境优美、生活方式丰富多彩、治安良好、教育与卫生水平提高等。

5.2.5　经济评价

城市更新的直接经济效益就是一些经济指标，例如总投资成本、投资收益率、财务净现值、预期收入等，但有些指标反映的问题具有片面性，例如总投资成本反映的只是项目规模大小，预期收益只能说明开发商的预期效果，并不反映实际情况。城市更新还有间接效益，如建设周期、历史文化保护和开发利用都会带来间接收益，但它们没有得到足够的重视。

5.2.6　环境评价

城市环境的不良现象一般是指涉及空气污染、污水污染、生态失衡、城市和社区景观等自然环境，还有包括城市的人文和民俗风情、历史建筑格局等社会环境。可持续发展要求在生态环境的承载能力范围内，不能过度损害城市生态环境。

城市更新综合效益评价需要从以上六个子系统来综合考虑，单纯地强调某一方面都会有损城市更新的质量。

5.3　城市更新综合效益评价模型的构建

在第 4 章中，我们采用因子分析法构建三种不同城市更新模式下的综合效益评价指标体系，见图 4-7、图 4-8 和图 4-9。要构建城市更新综合效益评价模型，还需要确定各级指标的权重。本书各级指标权重的确定是根据对各维度和各级指标重要性进行评估的数据，然后使用熵值法计算得到。

在第 3 章的分析中，我们把政府作为城市更新的发起者和推动者，因此政府的作用在实现城市更新综合效益中占据着重要的位置。此外，一般认为只要提高城市更新项目的经济收益，综合效益就会更高。基于此，本节提出以下假设：

H5：在其他条件一定的情况下，政府对城市更新综合效益的影响比居民、开发商更重要。

H6：在其他条件一定的情况下，经济效益的增加比社会效益和环境效益更能提高城市更新综合效益。

本节将通过使用熵值法验证以上假设。

5.3.1 熵值法

1865年，德国物理学家clausius首先提出熵的概念，它来源于热力学中的一个状态参数，是表示可逆过程中物质系统单个能量衰竭的程度[138]。学者Shannon在1984年第一次把信息论中的熵作为信息无序的度量，以描述个体系统的不确定性[139]。经过几十年的发展，熵理论已被广泛用于经济管理、生物学等领域。信息熵与信息的效用值成负相关，却与信息无序度成正相关。

在多指标评价问题中，可引用信息熵，对所获取信息的有序程度以及效用值进行评估计算。在信息论中，熵是衡量不确定性的指标，可用于评估信息量。当某个指标所携带的信息越多，不确定性越小，熵越小，熵权越大，指标的影响越大，其对决策的影响就越大。信息量越小，不确定性越大，熵越大，熵权越小，指标的影响越小，其对决策的影响就越小。因此，熵权的确定取决于待评价对象的固有信息，是一种统计分析、客观赋权的方法，是基于从评价者处获得信息量的多少，以确定各指标的权重，取决于指标对于目标重要性的贡献程度。当评估对象的评价价值波动较大时，意味着该指标具有争议性。这些信息对决策者的决策过程非常重要。当某一指标所对应的熵权较大且熵值较小时，这表明评估对象对于该指标的表现有明显的差异，需要重视该项指标；反之，如果评估对象的评估值相对稳定，则表明指标提供给决策者的信息非常有限。根据熵权的性质，系统中熵权值分布在0和1之间，累加和为1。在某些极端情况下，如果评估对象的值完全相同，熵值达到最大值1，此时熵权则为0，表明该指标不会向决策者传达有价值的信息，可以剔除该指标。

权重的计算步骤如下[140]：

一、构造原始数据的判断矩阵

通过调查问卷的形式获取相关指标的评价数据，主要由参与城市更新的各利益相关者打分，构造评价数据的判断矩阵 $X=(x_{ij})_{m\times n}$（$i=1,\cdots,m$；$j=1,\cdots,n$），x_{ij} 是第 i 个评价阶段在第 j 个指标上的统计值，n 表示评价指标的个数，m 表示评价阶段的个数。

$$X=\begin{bmatrix} x_{11} & x_{12} & \cdots & x_{1n} \\ x_{21} & x_{22} & \cdots & x_{2n} \\ \vdots & \vdots & \ddots & \vdots \\ x_{m1} & x_{m2} & \cdots & x_{mn} \end{bmatrix}_{mn}$$

二、标准化判断矩阵

由于指标体系中的指标量纲不同，为能进行比较，对原始数据矩阵进行标准化处理以消除不同量纲的影响，得到标准化矩阵 $Y=(y_{ij})_{m\times n}$，y_{ij} 为第 i 个评价对象在第 j 个评价指标上的标准值，$y_{ij}\in[0,\ 1]$。

对于极大型指标（正向指标）而言，其值越大，对于分析越有利，标准化公式为：

$$y_{ij}=\frac{x_{ij}-\min_i(x_{ij})}{\max_i(x_{ij})-\min_i(x_{ij})} \tag{5-1}$$

对于极小型指标（负向指标）而言，其值越小越有利，标准化公式为：

$$y_{ij}=\frac{\max_i(x_{ij})-x_{ij}}{\max_i(x_{ij})-\min_i(x_{ij})} \tag{5-2}$$

三、熵值计算

得到标准化矩阵之后，可用公式（5-3）计算第 j 个指标的信息熵，熵值 E_j 是正值。

$$E_j=-\frac{\sum_{i=1}^{n}p_{ij}\ln p_{ij}}{\ln n} \tag{5-3}$$

式中，$p_{ij}=\dfrac{y_{ij}}{\sum_{i=1}^{n}y_{ij}}$。如果 $p_{ij}=0$ 时，$\lim\limits_{p_{ij}\to 0}p_{ij}\ln p_{ij}=0$。$0<p_{ij}<1$，$\ln p_{ij}<0$。

四、差异系数计算

第 j 个指标的差异系数可通过公式（5-4）计算

$$G_j=1-E_j \tag{5-4}$$

式中，$0\leqslant G_j\leqslant 1$。

五、熵权计算

得到熵值后，可通过式（5-5）确定第 j 个指标的权重 W_j：

$$W_j=\frac{G_j}{k-\sum_{j=1}^{k}E_j}=\frac{1-E_j}{k-\sum_{j=1}^{k}E_j} \tag{5-5}$$

从以上计算步骤和信息熵的含义可知，如果评价指标的熵值越小，差异系数越大，权重也越大；相反，熵值计算结果越大，差异系数越小，熵权也越小。

5.3.2 指标权重的计算和分析

本书仅以 R-G-D 模式的综合效益评价指标体系的各级指标权重的计算为例。

一、R-G-D 模式的协调效益评价指标体系各指标的权重计算和分析

1. 第一级评价指标中政府、居民和开发商的权重计算和分析

主要利益相关群体政府、居民和开发商的三个维度的重要性由专家咨询方法确定。专家主要来自研究机构、相关政府部门和高等学校等。通过问卷调查第三部分，对主要利益相关群体对城市更新综合效益的重要程度打分，采用熵值法处理数据可计算出相应的权重，以便更好地分析不用主要利益相关者对城市更新综合效益的影响力。

在对利益相关群体进行评分时，问卷采用李柯尔特五级量表，1 表示该群体在城市更新综合效益评价中的权重很不重要，2 表示颇不重要，3 表示一般，4 表示颇重要，5 表示很重要。共发放问卷 80 份，除问卷不规范和不完整外，剩下 63 份有效问卷，回收率为 78.75%，并收集数据，见表 5-1 及表 5-2。

综合效益各利益相关者重要性评价结果 **表 5-1**

各利益相关者	1 分	2 分	3 分	4 分	5 分	均值
政府	0	5	15	25	18	3.8889
居民	0	4	13	27	19	3.9683
开发商	2	4	15	26	16	3.7937

综合效益各利益相关者重要性评价分值分布概率 **表 5-2**

各利益相关者	1 分	2 分	3 分	4 分	5 分
政府	0.000	0.079	0.238	0.397	0.286
居民	0.000	0.063	0.206	0.429	0.302
开发商	0.032	0.063	0.238	0.413	0.254

根据熵值法的涵义，此时的 X_{ij} 表示每个评价维度的评分人数，P_{ij} 表示该评价维度的人数占总人数的比例，见式（5-6）。如果 $X_{ij}=0$，表示该段分数不纳入计算，n 为纳入计算的分段数量。

$$P_{ij}=\frac{X_{ij}}{\sum_{j=1}^{5}X_{ij}} \tag{5-6}$$

各利益相关者的权重可通过式（5-3）～式（5-5）计算，见表 5-3。

各利益相关者权重　　**表 5-3**

	政府	居民	开发商
权重	0.343	0.386	0.271

从表 5-3 可以看出，权重大小排序依次是：居民＞政府＞开发商。其中居民权重占比为 0.386，对城市更新综合效益的评价最有影响力，这说明要更好地完成城市更新的任务，必须要重视公众的意见，考虑居民切身感受，因为城市更新的结果与居民息息相关，他们对城市更新方案的选择也会认真考量，所以居民的影响力是不容忽视的；权重排在第二位的是政府，而且政府的权重和居民相差不多，这是由于政府的意志在城市更新方案选择中通常也起重要的作用。同样地，开发商的权重占比最低，但开发商的意见也会影响城市更新方案的选择和城市更新实施的效果。此统计结果也验证了 H5（在其他条件一定的情况下，政府对城市更新综合效益的影响比居民、开发商更重要）不成立。在其他条件一定的情况下，居民的权重占比比政府和开发商都高，因此满足居民的效益对城市更新的综合效益的影响比政府和开发商的效益更重要。

2. 第二级评价指标中各指标的权重计算和分析

上一章我们已经求得协调效益评价指标体系中各利益相关者的公因子，归纳见表 5-4。

协调效益指标体系中各维度的公因子　　**表 5-4**

维度	公因子
政府效益	公共基础设施的完善程度
	历史文化和城市风格的传承
	社会和谐稳定度

续表

维度	公因子
政府效益	环境质量改善状况
	城市更新后续发展潜力
	土地财政收入状况
居民效益	拆迁补偿和安置费水平
	社会福利保障改善程度
	城市景观功能改善程度
	居住条件改善状况
	人均可支配收入状况
开发商效益	企业收益和品牌提高状况
	投资收益率
	城市更新改造费用
	公众参与度
	新旧建筑的协调度

根据问卷调查统计表 5-4 中各指标因子评价结果，见表 5-5。

协调效益各维度指标因子评价结果 表 5-5

维度	指标因子	1 分	2 分	3 分	4 分	5 分	均值
政府效益	公共基础设施的完善程度	18	52	90	42	0	2.7723
	历史文化和城市风格的传承	0	0	0	111	91	4.4505
	社会和谐稳定度	0	0	0	137	65	4.3218
	环境质量改善状况	0	0	0	154	48	4.2376
	城市更新后续发展潜力	0	79	73	50	0	2.8564
	土地财政收入状况	0	0	0	133	69	4.3416
居民效益	拆迁补偿和安置费水平	0	0	42	83	77	4.1733
	社会福利保障改善程度	0	0	51	112	39	3.9406
	城市景观功能改善程度	33	74	95	0	0	2.3069
	居住条件改善状况	0	0	0	132	70	4.3465
	人均可支配收入状况	0	0	0	163	39	4.1931

续表

维度	指标因子	1 分	2 分	3 分	4 分	5 分	均值
开发商效益	企业收益和品牌提高状况	0	56	91	55	0	2.9950
	投资收益率	0	0	0	132	70	4.3465
	城市更新改造费用	0	0	0	116	86	4.4257
	公众参与度	0	0	0	154	48	4.2376
	新旧建筑的协调度	0	71	80	51	0	2.9010

根据式（5-6）对协调效益指标体系各维度的评分人数计算各指标各分值的概率 P_{xj}，见表 5-6，再根据式（5-3）～式（5-5）计算出各维度各指标因子的信息熵和熵权，见表 5-7。

协调效益指标体系各维度指标因子分值概率　　表 5-6

维度	指标因子	1 分	2 分	3 分	4 分	5 分
政府效益	公共基础设施的完善程度	0.089	0.257	0.446	0.208	0.000
	历史文化和城市风格的传承	0.000	0.000	0.000	0.550	0.450
	社会和谐稳定度	0.000	0.000	0.000	0.678	0.322
	环境质量改善状况	0.000	0.000	0.000	0.762	0.238
	城市更新后续发展潜力	0.000	0.391	0.361	0.248	0.000
	土地财政收入状况	0.000	0.000	0.000	0.658	0.342
居民效益	拆迁补偿和安置费水平	0.000	0.000	0.208	0.411	0.381
	社会福利保障改善程度	0.000	0.000	0.252	0.554	0.193
	城市景观功能改善程度	0.163	0.366	0.470	0.000	0.000
	居住条件改善状况	0.000	0.000	0.000	0.653	0.347
	人均可支配收入状况	0.000	0.000	0.000	0.807	0.193
开发商效益	企业收益和品牌提高状况	0.000	0.277	0.450	0.272	0.000
	投资收益率	0.000	0.000	0.000	0.653	0.347
	城市更新改造费用	0.000	0.000	0.000	0.574	0.426
	公众参与度	0.000	0.000	0.000	0.762	0.238
	新旧建筑的协调度	0.000	0.351	0.396	0.252	0.000

协调效益指标体系各维度指标因子的信息熵及熵权 表 5-7

维度	指标因子	信息熵	熵权
政府效益	公共基础设施的完善程度	0.7776	0.0743
	历史文化和城市风格的传承	0.4276	0.1912
	社会和谐稳定度	0.3903	0.2037
	环境质量改善状况	0.3407	0.2203
	城市更新后续发展潜力	0.6714	0.1098
	土地财政收入状况	0.3989	0.2008
居民效益	拆迁补偿和安置费水平	0.6584	0.1431
	社会福利保障改善程度	0.6164	0.1607
	城市景观功能改善程度	0.6329	0.1538
	居住条件改善状况	0.4009	0.2510
	人均可支配收入状况	0.3049	0.2913
开发商效益	企业收益和品牌提高状况	0.6643	0.1344
	投资收益率	0.4009	0.2398
	城市更新改造费用	0.4238	0.2307
	公众参与度	0.3407	0.2639
	新旧建筑的协调度	0.6722	0.1312

二、R-G-D 模式的发展效益评级指标体系各指标的权重计算和分析

1. 第一级评价指标中社会、经济和环境的权重计算和分析

城市更新发展效益指标体系中的社会效益、经济效益和环境效益的权重也是采用专家征询法确定。通过问卷调查第三部分，征询三个效益对城市更新综合效益的重要程度打分，采用熵值法计算得出社会、经济和环境的权重，可以分析了解城市更新发展应该以哪个目标为重点，便于更好地分析不同目标对城市更新综合效益的影响力。收集评分数据并列于表 5-8，根据式（5-6）计算出各维度评价分值概率 P_{xj}，如表 5-9 所示。

城市更新发展效益中各目标重要性评价结果 表 5-8

城市更新发展目标	1 分	2 分	3 分	4 分	5 分	均值
社会	0	5	16	23	19	3.8889
经济	2	5	16	22	18	3.7778
环境	1	4	15	25	18	3.8730

城市更新发展效益各目标重要性评价分值分布概率　　表 5-9

城市更新发展目标	1 分	2 分	3 分	4 分	5 分
社会	0.000	0.079	0.254	0.365	0.302
经济	0.302	0.079	0.254	0.349	0.286
环境	0.016	0.063	0.238	0.397	0.286

根据式（5-3）～式（5-5）计算社会、经济和环境效益的权重，见表 5-10。

各城市更新发展目标的权重　　表 5-10

	社会效益	经济效益	环境效益
权重	0.385	0.263	0.352

由表 5-10 可以看出，各维度的权重大小排序依次是：社会效益＞环境效益＞经济效益。其中社会效益权重占比为 0.385；权重排在第二位的是环境效益，为 0.352，和社会效益的权重相差不多；经济效益权重排最后，为 0.263。通过三者的权重统计分析可知，在城市化进程中，我们推进城市更新，应该把促进民生的发展和进行生态环境的保护当作首要考虑的问题，即要更重视社会效益，关注社会民生，也不能忽略了生态环境的保护而唯经济论，更不能以牺牲环境谋求经济的发展。以上统计数据和分析验证了假设 H6（在其他条件一定的情况下，经济效益的增加比社会效益和环境效益更能提高城市更新综合效益）不成立。

2. 第二级评价指标中各指标的权重计算和分析

上一章已经求得社会效益、经济效益和环境效益的公因子，归纳见表 5-11。

发展效益指标体系中各维度的公因子　　表 5-11

维度	公因子
社会效益	公共基础设施的完善程度
	公众参与度
	历史文化和城市风格的传承
	城市景观功能改善程度
	城市更新后续发展潜力
经济效益	交通改善状况
	城市更新改造费用
	土地利用率

续表

维度	公因子
经济效益	社会福利保障改善程度
	社会和谐稳定度
	企业收益和品牌提高状况
环境效益	土地财政收入状况
	居住条件改善状况
	社区的整洁安全度和归属感
	环境质量改善状况
	土地利用强度
	文化教育的改善程度

根据问卷调查统计发展效益指标体系各指标因子评价结果，见表 5-12。P_{xj} 的计算参考式（5-6），结果见表 5-13。

发展效益指标体系各维度指标因子评价结果 **表 5-12**

维度	指标因子	1 分	2 分	3 分	4 分	5 分	均值
社会效益	公共基础设施的完善程度	0	0	162	19	21	3.3020
	公众参与度	0	0	0	110	92	4.4554
	历史文化和城市风格的传承	27	117	58	0	0	2.1535
	城市景观功能改善程度	0	49	117	36	0	2.9356
	城市更新后续发展潜力	0	30	117	55	0	3.1238
经济效益	交通改善状况	0	21	119	62	0	3.2030
	城市更新改造费用	0	19	54	129	0	3.5446
	土地利用率	0	0	41	105	56	4.0743
	社会福利保障改善程度	0	0	0	110	92	4.4554
	社会和谐稳定度	0	76	73	53	0	2.8861
	企业收益和品牌提高状况	0	0	0	133	69	4.3416
环境效益	土地财政收入状况	0	64	89	49	0	2.9257
	居住条件改善状况	0	0	0	117	85	4.4208
	社区的整洁安全度和归属感	0	0	0	157	45	4.2228
	环境质量改善状况	0	0	0	139	63	4.3119
	土地利用强度	0	87	68	47	0	2.802
	文化教育的改善程度	0	0	0	135	67	4.3317

发展效益指标体系各维度指标因子分值概率　　　表 5-13

维度	指标因子	1 分	2 分	3 分	4 分	5 分
社会效益	公共基础设施的完善程度	0.000	0.000	0.802	0.094	0.104
	公众参与度	0.000	0.000	0.000	0.545	0.455
	历史文化和城市风格的传承	0.134	0.579	0.287	0.000	0.000
	城市景观功能改善程度	0.000	0.243	0.579	0.178	0.000
	城市更新后续发展潜力	0.000	0.149	0.579	0.272	0.000
经济效益	交通改善状况	0.000	0.104	0.589	0.307	0.000
	城市更新改造费用	0.000	0.094	0.267	0.639	0.000
	土地利用率	0.000	0.000	0.203	0.520	0.277
	社会福利保障改善程度	0.000	0.000	0.000	0.545	0.455
	社会和谐稳定度	0.000	0.376	0.361	0.262	0.000
	企业收益和品牌提高状况	0.000	0.000	0.000	0.658	0.342
环境效益	土地财政收入状况	0.000	0.317	0.441	0.243	0.000
	居住条件改善状况	0.000	0.000	0.000	0.579	0.223
	社区的整洁安全度和归属感	0.000	0.000	0.000	0.777	0.223
	环境质量改善状况	0.000	0.000	0.000	0.688	0.312
	土地利用强度	0.000	0.431	0.337	0.233	0.000
	文化教育的改善程度	0.000	0.000	0.000	0.668	0.332

再根据式（5-3）～式（5-5）计算出各维度各指标因子的信息熵和熵权，见表 5-14。

发展效益指标体系各维度指标因子的信息熵及熵权　　　表 5-14

维度	指标因子	信息熵	熵权
社会效益	公共基础设施的完善程度	0.3943	0.2526
	公众参与度	0.4282	0.2385
	历史文化和城市风格的传承	0.5863	0.1726
	城市景观功能改善程度	0.6010	0.1664
	城市更新后续发展潜力	0.5926	0.1699

续表

维度	指标因子	信息熵	熵权
经济效益	交通改善状况	0.5809	0.1570
	城市更新改造费用	0.5674	0.1621
	土地利用率	0.6118	0.1454
	社会福利保障改善程度	0.5476	0.1695
	社会和谐稳定度	0.6255	0.1403
	企业收益和品牌提高状况	0.3971	0.2258
环境效益	土地财政收入状况	0.6641	0.1070
	居住条件改善状况	0.4228	0.1839
	社区的整洁安全度和归属感	0.3296	0.2136
	环境质量改善状况	0.3856	0.1957
	土地利用强度	0.6639	0.1071
	文化教育的改善程度	0.3948	0.1928

5.4 城市更新综合效益评价模型

5.4.1 R-G-D 城市更新模式的综合效益评价模型

根据以上各节计算可知，协调效益评价模型中，第一级评价指标（准则层）为政府效益、居民效益、开发商效益，权重分别是 0.343、0.386、0.271。其中，政府效益体系的第二级评价指标（指标层）分别为公共基础设施的完善程度、历史文化和城市风格的传承、社会和谐稳定度、环境质量改善状况、城市更新后续发展潜力、土地财政收入状况，其权重分别为 0.0743、0.1912、0.2037、0.2203、0.1098、0.2008；居民效益下属的第二级指标分别为拆迁补偿和安置费水平、社会福利保障改善程度、城市景观功能改善程度、居住条件改善状况、人均可支配收入状况，其权重分别为 0.1431、0.1607、0.1538、0.2510、0.2913；开发商效益下属的第二级评价指标分别为企业收益和品牌提高状况、投资收益率、城市更新改造费用、公众参与度、新旧建筑的协调度，其权重分别为 0.1344、0.2398、0.2307、0.2639、0.1312。R-G-D 模式的评价模型见表 5-15。

R-G-D 模式的城市更新协调效益评价模型　　**表 5-15**

一级指标	权重	二级指标	权重	评分				
				1 分	3 分	5 分	7 分	9 分
政府效益	0.343	公共基础设施的完善程度	0.0743					
		历史文化和城市风格的传承	0.1912					
		社会和谐稳定度	0.2037					
		环境质量改善状况	0.2203					
		城市更新后续发展潜力	0.1098					
		土地财政收入状况	0.2008					
居民效益	0.386	拆迁补偿和安置费水平	0.1431					
		社会福利保障改善程度	0.1607					
		城市景观功能改善程度	0.1538					
		居住条件改善状况	0.2510					
		人均可支配收入状况	0.2913					
开发商效益	0.271	企业收益和品牌提高状况	0.1344					
		投资收益率	0.2398					
		城市更新改造费用	0.2307					
		公众参与度	0.2639					
		新旧建筑的协调度	0.1312					

发展效益评价模型中，第一级评价指标（准则层）为社会效益、经济效益、环境效益，权重分别是 0.385、0.263、0.352。其中，社会效益体系的第二级评价指标（指标层）分别为公共基础设施的完善程度、公众参与度、历史文化和城市风格的传承、城市景观功能改善程度、城市更新后续发展潜力，其权重分别为 0.2526、0.2385、0.1726、0.1664、0.1699；经济效益下属的第二级指标分别为交通改善状况、城市更新改造费用、土地利用率、社会福利保障改善程度、社会和谐稳定度、企业收益和品牌提高状况，其权重分别为 0.1570、0.1621、0.1454、0.1695、0.1403、0.2258；环境效益下属的第二级评价指标分别为土地财政收入状况、居住条件改善状况、社区的整洁安全度和归属感、环境质量改善状况、土地利用强度、文化教育的改善程度，其权重分别为 0.1070、0.1839、0.2136、0.1957、0.1071、0.1928。R-G-D 模式的发展效益评价模型见表 5-16。

R-G-D 模式的城市更新发展效益评价模型　　表 5-16

一级指标	权重	二级指标	权重	评分				
				1分	3分	5分	7分	9分
社会效益	0.385	公共基础设施的完善程度	0.2526					
		公众参与度	0.2385					
		历史文化和城市风格的传承	0.1726					
		城市景观功能改善程度	0.1664					
		城市更新后续发展潜力	0.1699					
经济效益	0.263	交通改善状况	0.1570					
		城市更新改造费用	0.1621					
		土地利用率	0.1454					
		社会福利保障改善程度	0.1695					
		社会和谐稳定度	0.1403					
		企业收益和品牌提高状况	0.2258					
环境效益	0.352	土地财政收入状况	0.1070					
		居住条件改善状况	0.1839					
		社区的整洁安全度和归属感	0.2136					
		环境质量改善状况	0.1957					
		土地利用强度	0.1071					
		文化教育的改善程度	0.1928					

5.4.2 G-R-D 和 D-G-R 两种城市更新模式的综合效益评价模型

类似地，用相同的权重计算方法，计算出 G-R-D 和 D-G-R 两种城市更新模式的综合效益评价模型，见表 5-17 ～表 5-20。

G-R-D 模式的城市更新协调效益评价模型　　表 5-17

一级指标	权重	二级指标	权重	评分				
				1分	3分	5分	7分	9分
政府效益	0.343	公共基础设施的完善程度	0.0939					
		历史文化和城市风格的传承	0.1721					
		社会和谐稳定度	0.1956					

续表

一级指标	权重	二级指标	权重	评分				
				1 分	3 分	5 分	7 分	9 分
政府效益	0.343	拆迁补偿和安置费水平	0.2095					
		城市更新后续发展潜力	0.1174					
		城市更新改造费用	0.2115					
居民效益	0.386	居住条件改善状况	0.1531					
		社会福利保障改善程度	0.1777					
		文化教育的改善程度	0.1638					
		租金收益水平	0.2311					
		人均可支配收入状况	0.2743					
开发商效益	0.271	交通改善状况	0.1541					
		土地利用率	0.2203					
		城市景观功能改善程度	0.1416					
		投资收益率	0.2342					
		企业收益和品牌提高状况	0.2498					

G-R-D 模式的城市更新发展效益评价模型　　表 5-18

一级指标	权重	二级指标	权重	评分				
				1 分	3 分	5 分	7 分	9 分
社会效益	0.385	公共基础设施的完善程度	0.2526					
		公众参与度	0.2385					
		历史文化和城市风格的传承	0.1726					
		城市景观功能改善程度	0.1664					
		城市更新后续发展潜力	0.1699					
经济效益	0.263	交通改善状况	0.1570					
		城市更新改造费用	0.1621					
		土地利用率	0.1454					
		社会福利保障改善程度	0.1695					
		社会和谐稳定度	0.1403					
		企业收益和品牌提高状况	0.2258					

续表

一级指标	权重	二级指标	权重	评分				
				1分	3分	5分	7分	9分
环境效益	0.352	土地财政收入状况	0.1070					
		居住条件改善状况	0.1839					
		社区的整洁安全度和归属感	0.2136					
		环境质量改善状况	0.1957					
		土地利用强度	0.1071					
		文化教育的改善程度	0.1928					

D-G-R 模式的城市更新协调效益评价模型 **表 5-19**

一级指标	权重	二级指标	权重	评分				
				1分	3分	5分	7分	9分
政府效益	0.343	公共基础设施的完善程度	0.0812					
		历史文化和城市风格的传承	0.1756					
		社会和谐稳定度	0.2107					
		拆迁补偿和安置费水平	0.2188					
		城市更新后续发展潜力	0.1114					
		土地财政收入状况	0.2023					
居民效益	0.386	公众参与度	0.1563					
		社会福利保障改善程度	0.1776					
		居住条件改善状况	0.1614					
		租金收益水平	0.2461					
		人均可支配收入状况	0.2586					
开发商效益	0.271	企业收益和品牌提高状况	0.2267					
		投资收益率	0.1672					
		城市更新改造费用	0.2692					
		土地利用强度	0.2214					
		城市景观功能改善程度	0.1155					

D-G-R 模式的城市更新发展效益评价模型　　表 5-20

一级指标	权重	二级指标	权重	评分				
				1分	3分	5分	7分	9分
社会效益	0.385	公共基础设施的完善程度	0.2526					
		公众参与度	0.2385					
		历史文化和城市风格的传承	0.1726					
		城市景观功能改善程度	0.1664					
		城市更新后续发展潜力	0.1699					
经济效益	0.263	交通改善状况	0.1570					
		城市更新改造费用	0.1621					
		土地利用率	0.1454					
		社会福利保障改善程度	0.1695					
		社会和谐稳定度	0.1403					
		企业收益和品牌提高状况	0.2258					
环境效益	0.352	土地财政收入状况	0.1070					
		居住条件改善状况	0.1839					
		社区的整洁安全度和归属感	0.2136					
		环境质量改善状况	0.1957					
		土地利用强度	0.1071					
		文化教育的改善程度	0.1928					

5.5 本章小结

本章在前一章建立的综合效益评价指标体系的基础上，运用熵值法确定了评价体系中各维度及各指标的权重，构建了综合效益评价的层次结构模型，并验证了假设 H5 和 H6 不成立。研究得到以下结论：

1. 协调效益评价体系中居民效益权重最大 0.386，政府效益权重次之 0.343，开发商效益权重最小 0.271。这与以人为本的城市更新评价原则相一致，对于城市更新，要强调注重居民效益，关注民生、社会和谐稳定，这是城市可持续性的重要基础。

政府效益维度中权重比较高的两个指标是社会和谐稳定度为 0.2037、环境质量改善状况为 0.2203，反映政府要重点维持社会稳定和保护环境；居民效益维度中权重比较高的两个指标是居住条件改善状况为 0.2510、人均可支配收入状况为 0.2913，表明居民比较关心居住生活环境和可支配的收入；开发商效益中权重比较高的两个指标是投资收益率 0.2398、公众参与度 0.2639，说明开发商在进行开发运作的过程中多考虑公众的意见和建议，自身的效益也会得到更大的放大，同时投资回报也是开发商关心的经济指标。

2. 发展效益评价体系中社会效益权重最高为 0.385，环境效益权重次之为 0.352，经济效益权重最低为 0.263，这与城市更新可持续发展的特点是一致的。城市更新要强调可持续性，不唯经济发展，应该更加关注社会、环境方面的可持续发展。

社会效益维度中权重比较高的两个指标是公共基础设施的完善程度 0.2526、公众参与度 0.2385，说明要重点完善城市公共设施的建设和保证公众的参与权；经济效益维度中权重比较高的两个指标是社会福利保障改善程度 0.1695、企业收益和品牌提高状况 0.2258，说明包括医保、社保、失业保险等在内的社会保障支出和企业的营业收入是各方比较关注的焦点；环境效益维度中权重比较高的两个指标是社区的整洁安全度和归属感 0.2136、环境质量改善状况 0.1957，说明城市更新要关注城市的环境卫生和质量。

城市更新的发展目标具有多维性，其综合效益需要在社会、经济和环境方面进行评价。民生、生态、文化和经济是城市更新综合效益评价体系的核心内容，其中生态环境是重要因素，社会民生是基础，经济发展是重要条件，历史文化是内涵。利益相关者的协调合作也是城市更新顺利进行的保障，互相间的利益博弈和平衡也会反映到城市更新综合效益的实现上。综合效益评价的目的是找出城市更新建设中的缺点与不足，为更好地制定城市更新政策和指导城市更新实施提供决策依据，促进城市可持续发展。

第6章　城市更新综合效益的评价方法和计算方法

城市更新的可持续发展是社会进步，环境支持和经济发展均衡发展的过程，也是利益相关者和谐发展的过程。为了全面反映城市更新复合系统各个方面的状况，城市更新综合效益需要采用多指标多层次综合评价的方法。综合评价问题就是把一组不同量纲的多维度统计指标，转换为无量纲的相对评价值和效益值，并将这些评价值结合起来，以获得对城市更新综合效益的一个总体评价。本章就如何从不同维度量纲各异的统计指标获取相对评价值和效益值，得到综合效益的评价方法和计算方法。

6.1　多层评价系统的评价法

城市更新综合效益评价模型是由熵值法和因子分析法有机相结合而构建的多层评价系统。基于熵权模糊评价法是在熵值法的基础上进一步的研究，熵值法分析确定各指标的权重，再用模糊理论进行综合模糊评价，两者相辅相成。

6.1.1　模糊评价法

模糊评价方法模型简单，易于掌握和应用，可采用计算机模拟实施，适合评估多因素、多层次的复杂问题，多应用于满意度测评、方案比选等。例如，决策商业地产开发方案时，需要考虑地理位置、财务测评、潜在客户群等因素，并具有相应的子因素集。传统评价方法只能导出单个评估，无法反映对该评价的全面而精确的评价。因此，当待评价结果具有模糊性质时，模糊评价是进行评价和分析的一种较好方法。

6.1.2　基于熵权模糊理论的综合评价法

基于熵权模糊理论的综合评价方法是一种结合信息熵理论和模糊理论用于评

价多指标决策的一种的方法[102]。熵值法客观地赋予每个指标权重，避免主观评价引起的误差，更关注指标本身的重要性。由于很好地利用了信息熵，这种方法具有传统的模糊评价方法所没有的优点，在经济学、生态环境、工程管理、工程建设、电力系统、交通运输和风险评估等领域得到广泛的应用。Han 采用模糊综合评价方法对工业园区化学品的存放风险进行评估[141]。Siddiqui 提出了一种基于熵权模糊综合评价模型对候选服务的综合性能进行估算评价[142]。Tesfamaraim 运用模糊综合评价方法评估了钢筋混凝土建筑物的地震风险[143]。王丹华将综合运用熵权模糊综合评价法对水利建设项目进行多层次模糊综合评价[144]。张桦[145]运用熵权模糊计算模型量化电力变压器设备风险等级。赵梦娴建立熵权模糊综合评价模型对河流水体生态健康进行评价[146]。刘沐宇构建了基于熵权模糊综合评判的桥梁运营期汽车燃烧风险水平评价模型[147]。

本书研究的城市更新综合效益涉及影响因素广、评价因素多，评价具有以下特点：

一是从本质上来说，城市更新综合效益评价就是综合考量不同利益相关群体，在多目标体系下的效益。但用于描述利益相关群体对城市更新利益需求的评价指标多是定性指标，不易量化。

二是城市更新综合效益评价是一个多目标多因素的效益评价问题。由于每个因子的影响程度和满意度是利益相关者的主观判断，评价结论具有模糊性。因此，为了使评价结果更清晰和更容易判断，需要能够同时解决诸如多因素、主观判断和模糊结论的评价方法。

本书采用基于熵权的模糊评价法来综合评价综合效益，是因为它能同时解决上述两方面的问题。一是求解熵权的前提是收集受访者对每个指标进行定性评分的数据，将定性指标数字化；二是采用熵权模糊综合评价法评价城市更新综合效益时，解决了不同利益相关群体对城市更新方案的评价意见的模糊性问题，对评价结果进行科学量化。

以上分析是基于严谨的科学理论和严谨的实践研究，极大地提高了科学有效的评价过程。因此，熵权模糊综合评价法可以综合考虑公众的意见，量化城市更新综合效益评价中的定性因素。

6.1.3 模糊综合评价步骤

城市更新的综合效益具有多层评价指标，有些可以定量计算，有些则是定性描述。运用第 5 章构建的评价模型收集各城市更新案例的评价数据，再运用模糊综合评价法得到评价结果。模糊综合评价法的流程见图 6-1。

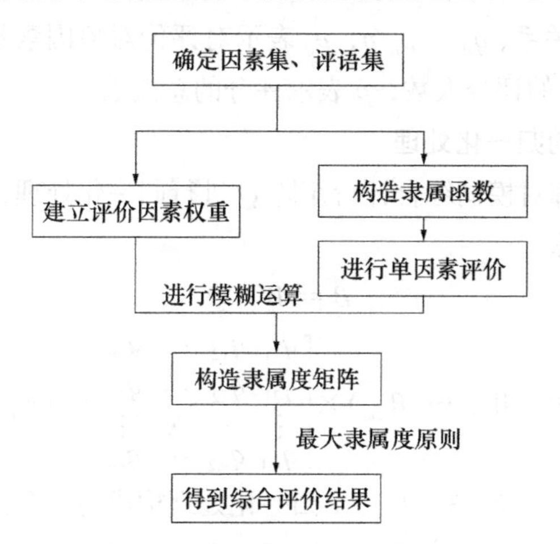

图 6-1　模糊综合评价流程图

建立城市更新综合效益评价指标体系后，对这些指标进行量化，量化路径是从下往上整合，最后复合得到一个具体的价值。具体步骤[148，149]如下：

一、确定评价集

模糊现象意味着某些事物具有模糊性质，无法准确归类。城市更新的综合效益也属于此类现象。我们将城市更新综合效益的评价效果划分为多个层次，但难以假定每个等级的标准。这种主观分类本身是具有模糊性的。同时，影响综合效益的因素具有模糊性质，无法用一个分数来评估。基于以上考虑，我们将城市更新效益的评价效果分为：很差（1），较差（3），一般（5），良好（7），很好（9），共五个等级。由此建立评价集 $T=(t_1, t_2, t_3, t_4, t_5)=$（很差，较差，一般，良好，很好），确定评价集的标准隶属度 $V=(v_1, v_2, v_3, v_4, v_5)=(1, 3, 5, 7, 9)$。

二、构造模糊评价矩阵

在获得的原始评估数据矩阵的基础上，通过对各因素的评价，得到评价对象的因子域 T 与评论域 V 之间的单因素评价，建立模糊评价矩阵 Q。

$$Q=\begin{bmatrix} q_{11} & q_{12} & \cdots & q_{1n} \\ q_{21} & q_{22} & \cdots & q_{2n} \\ \vdots & \vdots & \ddots & \vdots \\ q_{m1} & q_{m2} & \cdots & q_{mn} \end{bmatrix} \tag{6-1}$$

式中：$Q=(q_{ij})_{m\times n}$，q_{ij}（$i=1, 2, \ldots, m$；$j=1, 2, \ldots, n$）表示评价对象的影响因素中第 i 个评价因素对第 j 个评语的隶属度，反映出影响因素与评价等级之间的隶属关系；$q_{ij}=p_{ij}/p$，p_{ij} 表示对评价对象因素集中第 i 个评价因素做出第 j 个评价等级的评分人数，p 表示评分的总人数。

三、评价矩阵的归一化处理

模糊权矢量矩阵对模糊综合评价矩阵 Q 进行归一化处理，即模糊评价矩阵与权重之间的综合运算：

$$B=W\cdot Q \tag{6-2}$$

即：$B_i=W_i\times Q_i=(W_{i1}\ \ W_{i2}\ \ \cdots\ \ W_{im})\times\begin{bmatrix} q_{11} & q_{12} & \cdots & q_{1n} \\ q_{21} & q_{22} & \cdots & q_{2n} \\ \vdots & \vdots & \ddots & \vdots \\ q_{m1} & q_{m2} & \cdots & q_{mn} \end{bmatrix}=(b_{i1}\ \ b_{i2}\ \ b_{i3}\ \ b_{i4}\ \ b_{i5})$

将各个矩阵 B_i（$i=1, 2, 3, 4, 5$）归一化处理构成另一个模糊评价矩阵：

$$B=\begin{bmatrix} B_1 \\ B_2 \\ B_3 \end{bmatrix}=\begin{bmatrix} b_{11} & b_{12} & b_{13} & b_{14} & b_{15} \\ b_{21} & b_{22} & b_{23} & b_{24} & b_{25} \\ b_{31} & b_{32} & b_{33} & b_{34} & b_{35} \end{bmatrix} \tag{6-3}$$

四、计算模糊综合评价结果

模糊综合评价过程通常得到的是模糊矢量，需要进一步处理，采用适当的方法将综合评价向量 B 转化为综合分值 Z。根据求得的综合评价向量 B 与评价等级 V，合成运算计算即可得到隶属度值 Z。

$$\begin{aligned} Z&=B\cdot V^{\mathrm{T}} \\ &=B\times V^{\mathrm{T}}=(B_1\ \ B_2\ \ B_3)\times\begin{bmatrix} 1 \\ 3 \\ 5 \\ 7 \\ 9 \end{bmatrix} \end{aligned} \tag{6-4}$$

式中，Z 为城市更新综合效益隶属度，$V=(1, 3, 5, 7, 9)$ 为评语集等级矩阵，其中 1 表示很差，3 表示较差，5 表示一般，7 表示良好，9 表示很好。

6.2 城市更新综合效益的评价方法

城市更新的可持续发展是追求各要素和谐的过程。可持续发展是发展水平与发展协调的最佳组合。在城市更新项目建设的每个时刻，都处于发展水平和发展协调状态。为了反映这些状态，本书设计了相应的发展效益系数和协调效益系数，用来描述城市更新社会、环境、经济的发展水平和政府、居民、开发商的协调状况。

按照前文对城市更新综合效益系统的分析，把城市更新的发展效益系统划分为社会、环境和经济三个子系统，把协调效益系统划分为政府、居民和开发商三个子系统。第 4 章构建的城市更新发展效益指标体系，对应地由代表城市更新社会、环境和经济效益评价指标构成，表征城市更新的发展特征。城市更新协调效益指标体系，对应地由参与城市更新的政府、居民和开发商效益评价指标构成，表征核心利益相关者的协调特征。

在确定评价对象之后，利用第 5 章建立的评价模型，可以获得大量的原始评价数据，并且构建评价数据矩阵。根据上述熵权法的计算过程，可以获得评价对象在评价期的社会、环境和经济状况评价值，我们分别将其命名为社会效益指标 E_1、环境效益指数 E_2 和经济效益指数 E_3，用来描述城市更新项目在社会、环境和经济三方面发展的状况。同样的，可以求得评价对象在评价期的政府、居民、开发商的三者效益评价值，我们把它们分别命名为政府效益指数 E_4、居民效益指数 E_5 和开发商效益指数 E_6，用来描述参与城市更新的政府、居民、开发商三者的效益状况[150]。对于第 i 个样本有

$$E_{ki}=\sum_{j=1}^{n} w_j * x_{ij} \tag{6-5}$$

式中：E_{ki}——第 i 个城市更新项目的相应效益指数，$k=1, 2, 3, 4, 5, 6$ 时分别表示第 i 个项目的社会效益指数、环境效益指数、经济效益指数、政府效益指数、居民效益指数、开发商效益指数；

w_j——第 j 个指标的权重；

x_{ij}——第 i 个项目中第 j 个指标的评分；

n——各指数所包含的指标数目。

在此基础上，构造发展效益系数和协调效益系数。

6.2.1　发展效益系数

城市更新项目的可持续发展是衡量城市更新发展系统结构和功能的状态的综合指标。该系数综合反映了评价城市更新项目在评价期内项目建设发展的总体水平，用来描述评价城市更新项目的发展水平状况。

根据评价指标体系的层次结构特征，通过综合加权法计算发展效益系数 M，其中权重的确定详见第 5 章熵值法的计算过程。第 i 个城市更新项目的发展效益系数为

$$M_i = \sum_{k=1}^{3} W_k E_{ki} \quad (6\text{-}6)$$

式中：M_i 为第 i 个城市更新项目的发展效益系数，k 为城市更新项目发展效益系数所包含指数数目，在本指标体系中，$k=1$，2，3。

为观察方便起见，本书把发展效益系数在（0，10］范围内分成划分为三类[150]，按发展效益系数数值由小到大依次命名为弱效益、基本效益和强效益，见表 6-1。

城市更新的发展效益系数分类表 **表 6-1**

城市更新发展效益系数 M	$0 < M < 5$	$5 \leqslant M < 8$	$8 \leqslant M \leqslant 10$
效益状态	弱效益	基本效益	强效益

从现实意义考虑，当 $M < 5$ 时，城市更新项目发展处于弱效益状态，此时，评价指标体系中大部分指标值与目标值的距离相对较大，项目的建设水平不够理想；当 $5 \leqslant M < 8$，城市更新项目发展处于满足基本效益状态，此时，评价指标体系中的大部分指标值与之前的弱势地位相比有所提升，但与目标价值存在一定差距，城市更新项目的建设水平逐步转化为良性发展状态；当 $8 \leqslant M \leqslant 10$，城市更新项目的建设处于强效益状态，评价指标体系中的大部分指标值均接近目标值，项目建设水平已进入良性发展状态。

6.2.2 协调效益系数

根据城市更新涉及利益相关者的利益，城市更新综合效益的基本特征之一是政府、居民和开发商子系统三者的协调发展。这种协调关系在评价中表现为政府效益、居民效益和开发商效益的相互均衡。

根据评价指标体系的层次结构特征，通过综合加权法计算协调效益系数 N，其中 . 权重的确定也是详见第 5 章熵值法的计算过程。第 i 个城市更新项目的发展效益系数：

$$N_i = \sum_{k=4}^{6} W_k E_{ki} \quad (6\text{-}7)$$

式中：N_i 为第 i 个城市更新项目的协调效益系数，k 为城市更新项目协调效益

系数所包含指数数目，在本指标体系中，$k = 4, 5, 6$。

为观察方便起见，本书把协调效益系数在（0，10］范围内分成划分为三类[150]，按协调效益系数数值由小到大依次命名为不协调、基本协调和协调，具体见表 6-2。

城市更新的协调效益系数分类表　　表 6-2

城市更新协调效益系数 N	$0 < N < 5$	$5 \leqslant N < 8$	$8 \leqslant N \leqslant 10$
协调状态	不协调	基本协调	协调

从现实意义考虑，当 $N < 5$ 时，城市更新项目建设处于不协调状态，此时，评价指标体系中的大部分指标值与目标值的距离较大，项目建设利益相关者的利益协调水平不理想；当 $5 \leqslant N < 8$，城市更新项目建设处于基本协调状态，此时，评价指标体系中的大多数指标值与之前的弱配位状态相比有所改善，但与目标值仍存在一定差距，城市更新项目协调水平逐步向好的方向发展；当 $8 \leqslant N \leqslant 10$，城市更新项目建设处于协调状态，此时，评价指标体系中的大部分指标值接近目标值，项目建设处于良性发展状态。

6.2.3　综合评价

综合评价需要考察城市更新项目的发展水平、速度和协调性，由发展效益系数和协调系数综合评价完成。两个系数构成了二维评价空间，可用一个坐标系表达，即以协调效益系数为横轴，以发展效益系数为纵轴，分别表征项目的协调性和发展性。根据发展效益系数和协调效益系数的区域划分，该评价空间分为 9 个区域，如表 6-3 和图 6-2 所示。

城市更新综合效益评价特性　　表 6-3

综合效益特性	发展效益系数 M	协调效益系数 N
强效益协调发展 XO_1	$8 \leqslant M \leqslant 10$	$8 \leqslant N \leqslant 10$
强效益基本协调发展 XO_2		$5 \leqslant N < 8$
强效益不协调发展 XO_3		$0 < N < 5$
基本效益协调发展 XO_4	$5 \leqslant M < 8$	$8 \leqslant N \leqslant 10$
基本效益基本协调发展 XO_5		$5 \leqslant N < 8$
基本效益不协调发展 XO_6		$0 < N < 5$

续表

综合效益特性	发展效益系数 M	协调效益系数 N
弱效益协调发展 XO_7	$0<M<5$	$8 \leqslant N \leqslant 10$
弱效益基本协调发展 XO_8		$5 \leqslant N<8$
弱效益不协调发展 XO_9		$0<N<5$

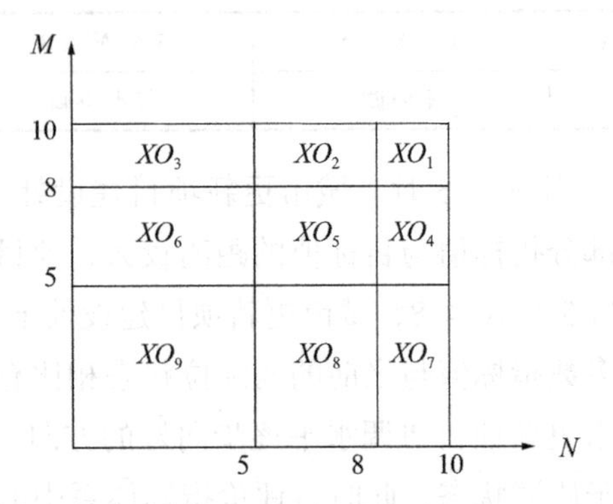

图 6-2　城市更新综合效益评价图

区域 XO_1，发展效益系数和协调效益系数均达到理想状态，代表城市更新项目的发展水平高、协调性好，属于强受益协调发展状态，将该区域称为强效益协调发展区域。

区域 XO_2，城市更新项目协调性不明显，基本协调发展；而发展效益系数处于理想位置，项目的发展水平高，属强效益状态，因此该区域称为强效益基本协调发展区域。

区域 XO_3，发展效益系数处于理想位置，属强效益状态，但协调效益系数低，城市更新项目的协调性较差，呈现出一个不协调的状态，综合评价称该区域为强效益不协调发展区域。

区域 XO_4，代表城市更新项目的建设水平不高、速度稍慢，满足基本效益状态，但协调性好，项目仍处于协调发展的状态，将该区域称为基本效益协调发展区域。

区域 XO_5，发展效益系数此时相对较低，表明城市更新项目的建设水平不高、速度稍慢，处于满足基本效益状态，项目协调效益呈现基本协调状态，将该区域称为基本效益基本协调发展区域。

区域 XO_6，发展效益系数此时也相对较低，表明城市更新项目的建设水平不高、速度稍慢，处于满足基本效益状态，而协调效益系数也比较低，项目的协调性差，表现为不协调状态，将该区域称为基本效益不协调发展区域。

区域 XO_7，协调效益系数达到了理想状态，但发展效益系数很小，代表城市更新项目的发展水平低、速度慢、但协调性好，项目仍处于协调发展的状态，将该区域称为弱效益协调发展区域。

区域 XO_8，城市更新项目建设处于基本协调状态，但发展效益系数很小，代表项目的建设水平低、速度慢，处于弱效益状态，该区域称为弱效益基本协调发展区域。

区域 XO_9，发展效益系数和协调效益系数均较小，表明城市更新项目建设水平低、速度慢、协调性差，处于不协调状态。综合评价将该区域视为弱效益不协调发展区域。

根据城市更新项目在综合评价图上的位置，可以简明地确定项目的综合效益特性，得出对城市更新综合效益的评价结论，据此分析应采取的城市更新发展策略。

6.3　基于改进雷达图法的综合效益计算方法

制定城市更新方案时，为了更直观的进行多方案比较，需要具体量化的综合效益，再进行方案对比分析。传统的指标权重确定方法多是主观赋权法，如层析分析法，是根据专家经验确定。这种主观权重分配方法抹杀了指标的初始平等性。一开始城市更新的多维效益构成中只存在逻辑的先后，没有权重高低。仅由某个评价主体确定权重的分配方法具有主观随意性，不是很合理。而基于信息熵确定的权重是通过评价数据提供信息量大小，经数理统计分析而得到，减少主观因素的影响。

传统的效益计算方法是将评价指标乘以相应权重，得到评分，然后进行简单的相加得到综合评价分数。本节基于熵值法与雷达图法建立城市更新综合效益的计算方法，可通过计算模型量化综合效益。

6.3.1　基础雷达图法

为解决熵权模糊评价体系的不足，引入雷达图分析方法。雷达图具有直观性和图像性的特点，可以清晰地反映城市更新中多维效益各指标的变化规律和各指标的差异。通过雷达图的叠加计算可得到整体评价结果，简化了评价过程，提高了评价效率。

评价指标在雷达图中可以二维平面图表示，这是雷达图法的特点。虽然雷达图形的面积本身从单位和数值上与综合效益值没有直接关系，但它是基于每个维度中获得的真实量值而来。图形面积与效益值的变化成正比。图形面积的变化反映了每个效益值的变化，因此在一定程度上，雷达图图形面积可以反映城市更新效益的综合值。

6.3.2 改进的雷达图法

一、传统雷达图法

传统雷达图法在综合评价上的应用已经有详细研究[151]。但传统的雷达图方法并不适用于结合熵值法使用的城市更新综合效益系统。原因是：（1）在雷达图中，每个指标轴顺序的变化将引起综合效益值的大小变化，最终影响排序结果，见图 6-3；（2）传统雷达图的标准轴角度是简单的平均分配，无法显示出不同指标的重要性在综合评价中的作用；（3）雷达图的形状影响着综合效益值的得分。形状越接近圆形，其面积越大。

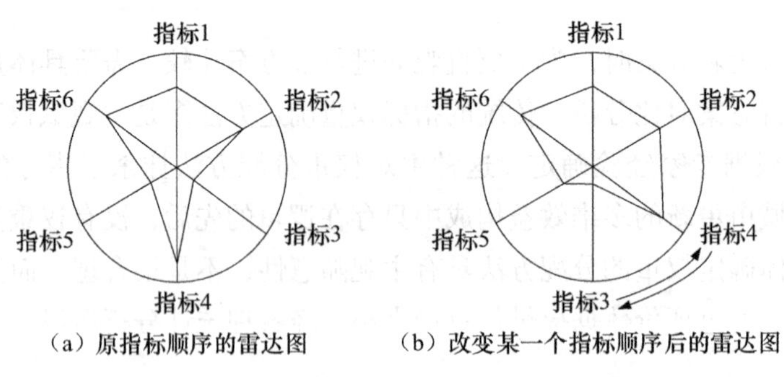

图 6-3 指标在轴射方向顺序的改变影响评价结果

二、改进雷达图法

鉴于传统雷达法的缺点，对传统雷达图经过适当修改，主要做出以下改进：

1. 将运用熵值法确定的权重，通过几何计算关系，引入到雷达图的角度中，使雷达图指标之间的角度不再是平均分配的关系。指标之间的角度与熵权成正比关系，熵权越大，角度越大。熵权的引入使得所求图形面积值更加科学。熵权与角度的关系如下：

$$\theta_j = w_j \times 360 \tag{6-8}$$

式中：θ_j 为第 j 个指标的角度，w_j 为该指标的权重。

传统的雷达图和改进的雷达图中指标的对应关系见图 6-4。

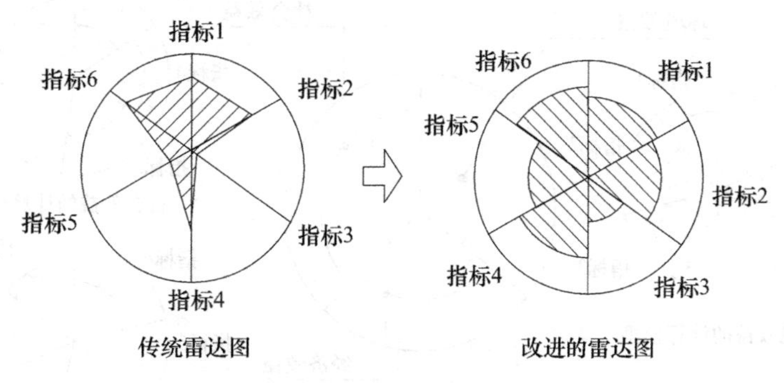

图 6-4　改进雷达图法的指标唯一性

2. 单一效益计算所依赖的区域不再是三角形而是扇形。绘制每个维度的图形不再是变化的，而是唯一的[152]。根据评价得分的平均得分和熵权可绘制出城市更新效益计算的雷达图，再用式（6-9）和式（6-10）计算各级指标和各维度的效益值。

$$L_j = w_j \pi R_j^2 \tag{6-9}$$

$$L_i = \sum_{j=1}^{n} L_j \tag{6-10}$$

式中，R_j 是第 i 个维度效益中第 j 个指标的评分值；L_j 是第 i 个维度效益中第 j 个指标的效益值（雷达图中的扇区面积）；L_i 是第 i 个维度的效益值。

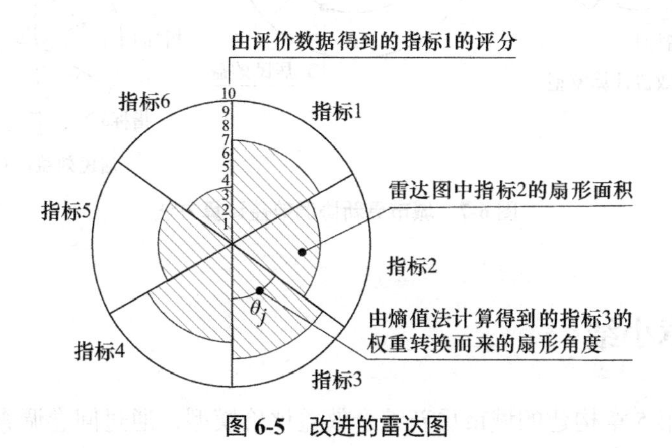

图 6-5　改进的雷达图

3. 基于雷达图和熵值法的理论基础建立了一种针对城市更新综合效益的计算方法，这种方法可以简化维度，使之降维使用，以此求得的综合效益值。

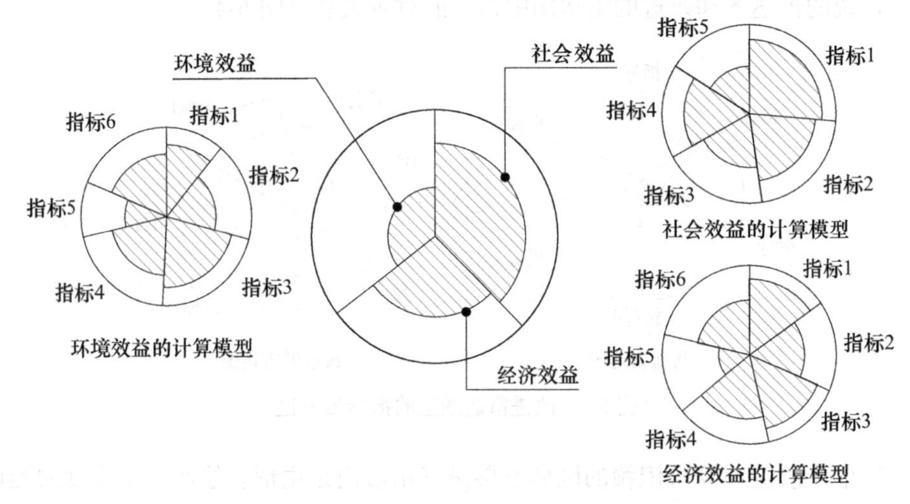

图 6-6 城市更新发展效益计算方法

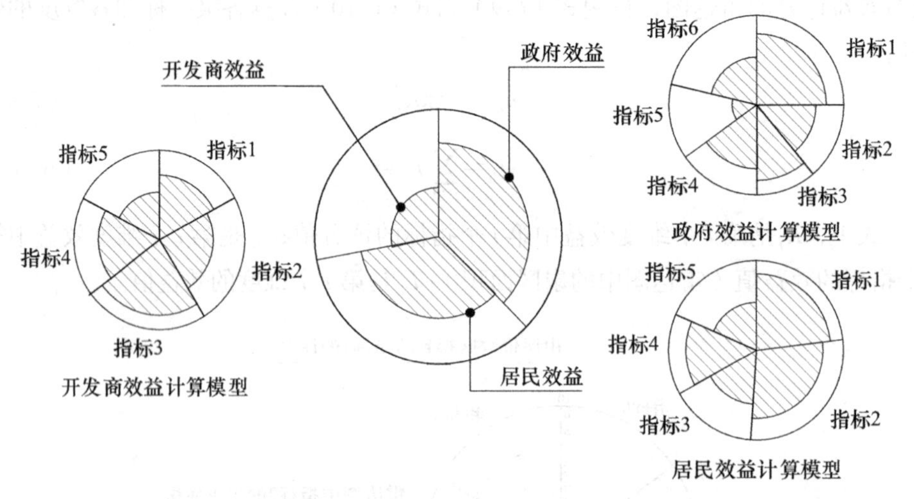

图 6-7 城市更新协调效益计算方法

6.4 本章小结

1. 基于第 5 章构建的城市更新综合效益评价模型，通过问卷调查的方式获取数据，结合使用模型分析、数理统计等定量方法，构建了基于熵权的模糊评价模型和基于协调效益系数和发展效益系数的综合效益评价图的综合评价方法。此方法可以系统研究评价城市更新的综合效益。

2. 指标熵权与扇形角度在改进的雷达图中形成唯一对应的关系，构建了基于熵权－改进雷达图的城市更新综合效益计算方法和计算模型。利用此计算模型进行量化综合效益具有较好的直观性，有助于更好地解决综合效益的多维性，也更清晰用于判断综合效益最大的城市更新模式。

第7章　案例分析及实证

广州市采用多种模式推进城市更新建设，主要有居民主导完成的改造，例如猎德村；开发商主导完成的改造，例如琶洲村；政府主导完成的改造，例如杨箕村。各种模式都有各自的优缺点，但目前大多数的城市更新，是由政府提供政策优惠和管理监督，居民支持配合改造，开发商从各种方式间接提供资金或直接出资，组织开展改造工作，使三方能够实现三赢，以求改造综合效益最大化。本章将选择广州市三个典型的城市村改造案例来验证城市更新综合效益评价模型和计算方法的可行性。

7.1　R-G-D模式的猎德村改造

猎德村改造是由村民主导的R-G-D城市更新模式。此模型与传统的开发商主导的模式不同。过去那种开发商主导的模式虽然较好地解决了改造资金来源的问题，但存在许多不足之处：首先，作为城市更新对象的村民没什么发言权，只能被动地接受政府的规划或者开发商提供的改造方案。村民的利益诉求往往得不到合理的回应，村民的利益很容易受到损害，因此集体抵制城市更新的情况经常发生，导致项目推进缓慢；其次，如果没有相应的监管机制，开发商可能由于过度追求利润而忽视了城市规划的初衷，造成了高容积率或高建筑密度，安置房屋质量差等，这违背了城市更新所追求的目标。

R-G-D模式的方向：在改造初期，政府领导规划和改造计划的编制。居民及团队组织改造，通过自筹资金，按照市场规则建设城市宜居社区。该模式的特点：(1)在城市建设规划方案的指引下，原居民的居住形态完全改变，建筑密度合理规范，社区环境与城市环境较协调一致。(2)回迁房主要以居民自用为主，不增加整体建设量，对房地产市场不会产生过大影响。(3)村集体自筹资金建设安置房是为了村民的自用而非出售。如果村集体存在融资困难，则需要政府的政策支持。(4)居民以成本价购买安置房。这种市场与福利兼备的模式对居民有极大的激励作用。

R-G-D模式的优点:（1）在改造参与度方面，由居民主导建设城市更新项目，居民利益得到保障，居民集体参与改造，信任度高，减少了在房屋拆迁过程引起的矛盾冲突，有利于顺利推动城市更新。（2）在改造融资方面，以集体和个人出资为主，通过集体经济实体的自有资金、居民集资和金融机构贷款或土地换资金等方式筹资，可以减轻政府财政支出，政府将把有限的资金集中用于建设公共基础设施。（3）在对本地区的经济影响方面，经过妥善处理拆迁安置后，可以根据市场需求灵活调整住宅物业和集体商业物业，优化整合产业结构，释放土地价值，从而加快安置房建设进度。

为了应对传统模式的局限性，猎德村采用“开发商的不直接参与而又能引入社会资本”的做法，并对此模式进行了创新。这种模式的应用需要有成熟的村制改制体系、发达的村集体经济和村集体领导班子娴熟的经济和商业运作能力。

7.1.1 猎德村案例介绍

猎德村是广州市天河区下属的行政村，村址面积470亩，经济用地面积约350亩。它位于珠江新城CBD核心区内，东与海清路相邻，南临珠江，西与猎德大道接壤，北与花城大道紧靠。因此，猎德村属于稀缺型土地资源，改造条件成熟，是广州市第一条完成全面改造的城中村。

猎德村的地理位置独特，水网交错，土地肥沃，猎德涌将猎德村划分为东、西两部分。猎德村经历代繁衍生息，至今已有八百多年历史，历史悠久，人丁兴旺，人口已增加到4000多人，有李，梁和林等81个姓氏，以李姓为主。猎德村有祠堂、龙母庙、猎德炮台、巷门、碉楼、古树名木等文物古迹。村里有许多宗族的祠堂，这是猎德文化的象征，主要是清代以后兴建，以前是用来摆放祖宗灵位，祭奠先人的地方，也是村中和族中商议大事的地方，现在逢年过节，婚丧嫁娶，生日喜宴都在祠堂举行。猎德是水乡，龙舟竞渡是主要的文化活动，起码有百年历史了。

猎德村具有城中村的基本特征。第一，改造前，猎德村的家庭人均收入约为5475元，主要来自集体经济分配（占74.8%）和出租房租金（占25.1%）。第二，租金低，改造前仅为10～15元/m^2。第三，外来人员多，组成复杂，收入不稳定，难以管理。第四，建筑混乱，建筑物密度高，通风和照明条件差。

一、改造方案

猎德村是在政府政策指导下，由村集体组织主导完成的典型案例。按照方案，整个猎德村原址重建，采用滚动拆迁重建方法，先拆除猎德桥西地块，再拆猎德桥东地块，最后是猎德桥西南地块。桥东地块是村民安置区，建设回迁房；桥西地块由政府代为拍卖筹集资金，由开发商进行商业开发；而桥西南部则由猎德村经济发展有限公司组织建设星级酒店，增加收入支撑集体经济。

据统计，旧猎德村包括猎德涌在内，总面积 33 万 m^2，纳入改造的用地面积约为 23.5 万 m^2，地上建筑物面积 60 万 m^2，其中 33 万 m^2 是合法建筑面积，占 55%，27 万 m^2 是违建面积，占 45%，现状容积率 2.55，绿地率低。猎德村改造地块规划见表 3-7。

1. 安置区改造方案

该地块总用地面积为 171138.9m^2，建设用地面积为 132275.8m^2。建设 5662 套房子供村民自住，另建设近 4000 套房子用于出租，其中 3600 套是 75m^2 以下的小户型。安置区主要综合技术经济指标见表 3-8。

2. 猎德桥西南地块规划方案

该地块总用地面积为 49933.1m^2，其中建设用地面积为 32135.7m^2，容积率为 5.40，用于建设猎德中心（见图 7-1）。根据天河区农业和园林局的估计，猎德中心将为该村集体增加 1 亿元的年收入。猎德中心是由超高层五星级酒店、办公楼、购物中心、国际会议中心和宴会厅组成，体量庞大。该项目的建成必将大大地提

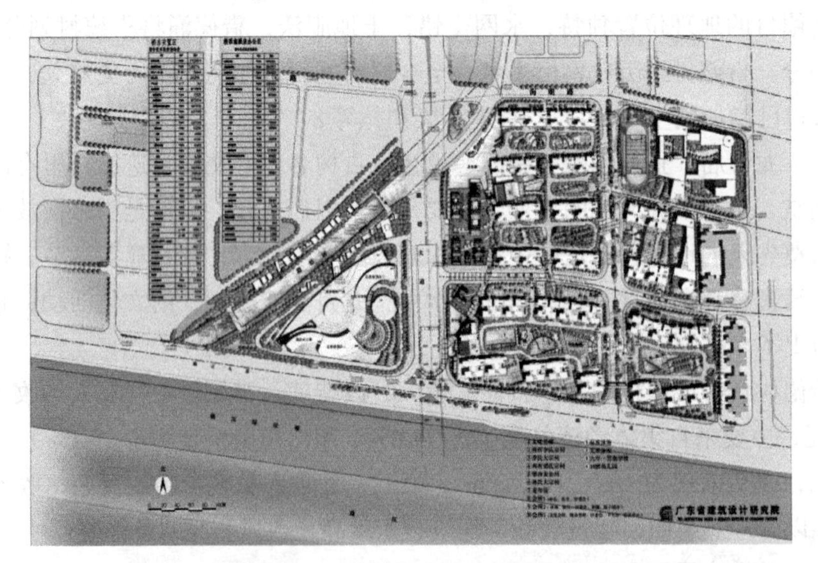

图 7-1 猎德安置区和猎德中心修建性详细规划总平面图

（来源：广东省建筑设计研究院有限公司）

升旧猎德村地块改造后的整体沿江景观。猎德村桥西南区猎德中心主要综合技术经济指标见表 3-9。

3. 猎德桥西地块综合发展方案

该地块总用地面积为 114176m²，可建设用地面积 71175m²，容积率为 7.98（见图 7-2）。根据规划，将由 5 个地块 62 组团构成，分 A、B、C 三个区开发商业、办公和酒店，总投资额高达 100 亿元。A 区有 3 栋 30 至 31 层办公楼，B 区有 7 栋 30 至 52 层的办公楼。C 区有两栋 55 层和 66 层的办公楼，以及一栋 48 层的酒店，三个区的底层以购物中心为主。猎德桥西区综合发展地块主要综合技术经济指标见表 3-10。

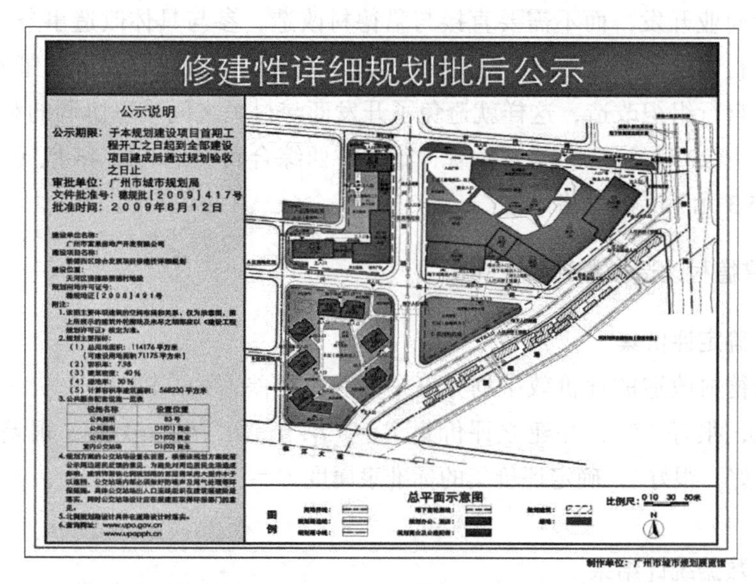

图 7-2　猎德桥西区综合发展地块修建性详细规划批后公示图

（来源：广州市城市规划展览馆）

二、拆迁补偿方案

主要拆迁补偿方案如下：

1. 临时安置补偿费：临迁费将按合法建筑的面积计算，住房和商铺都是每月 25 元 /m²，超建面积每月也有 10 元 /m² 的临时安置补偿费，按 36 个月计算。大多数临时安置点在猎德村附近的城中村，如棠下村等。

2. 搬迁补助费：按一进一出两次计算，30 元 /m² 的标准补偿。

3. 按“拆一补一”的原则，以安置房套内面积计算补偿被拆除的合法建筑面积。

4. 房屋补偿面积方法：按有产权的建筑面积阶梯式安置，以四层为界限。不足两层按两层计算，不足三层按三层计算，不足四层的按四层计算，四层以上的只按有产权面积计算。

5. 其他。村民可以 3500 元 /m^2 的购买标准增加安置房面积；如果放弃部分或者全部安置房，村民将得到 1000 元 /m^2 标准的补偿；对违法建设的房屋以 1000 元 /m^2 的标准补偿材料损失，超建面积还有 30 元 /m^2/ 月的临时安置补偿。

三、改造资金来源

猎德村的拆迁安置和相关建设费用高昂，为解决改造资金，广州市政府允许开发商参与猎德村改造，但是，开发商只是竞投拆迁后的猎德桥西综合发展地块，自行商业开发，而不需要直接与猎德村改造，参与具体改造事务。也就是说，猎德村改造采用了一种“土地换资金”的做法，由政府提供政策支持，村民及集体自行组织改造，这样就避免了开发商与村民之间难以协调的利益矛盾。2007 年 9 月 29 日，经过 14 轮举牌，猎德桥西综合发展地块以 46 亿元，折合楼面价 8095.3 元 /m^2 的价格出售。

7.1.2 猎德村改造模糊评价

一、确定评价集

把猎德村改造的评价效果划分五个等级：很差（1），较差（3），一般（5），良好（7），很好（9），并建立评价集 $T=(t_1, t_2, t_3, t_4, t_5)=$（很差，较差，一般，良好，很好），确定评价集的标准隶属度 $V=(v_1, v_2, v_3, v_4, v_5)=(1, 3, 5, 7, 9)$。

二、数据统计结果

邀请政府部门，猎德村村民，参加猎德村改造的有关人员，利益相关方，以及有城中村改造经验的房地产开发企业等专家 100 名，通过调查问卷对城市更新综合效益评价模型的各类指标进行评价，收集得分数据，回收 89 份有效问卷。相关数据统计结果见表 7-1 和表 7-2。

基于协调效益的问卷数据统计性描述——（猎德村） 表 7-1

维度	变量编号	最小值	最大值	平均值	标准差	方差	α 值
政府效益	VAR08	3	9	7.562	0.678	0.460	0.815
	VAR04	1	9	7.337	0.959	0.921	

续表

维度	变量编号	最小值	最大值	平均值	标准差	方差	α 值
政府效益	VAR02	1	9	7.202	1.024	1.048	0.815
	VAR24	5	9	7.921	0.384	0.147	
	VAR09	5	9	7.809	0.437	0.191	
	VAR14	3	9	7.337	0.712	0.507	
居民效益	VAR16	5	9	7.809	0.468	0.219	0.835
	VAR07	3	9	7.607	0.549	0.302	
	VAR28	1	9	7.427	0.770	0.593	
	VAR06	5	9	7.697	0.511	0.261	
	VAR15	1	9	7.674	0.594	0.353	
开发商效益	VAR11	5	9	7.921	0.448	0.200	0.796
	VAR22	5	9	8.169	0.375	0.141	
	VAR13	1	9	7.472	0.784	0.615	
	VAR10	1	9	7.180	1.208	1.460	
	VAR30	3	9	7.652	0.617	0.381	

基于发展效益的问卷数据统计性描述——（猎德村）　　表 7-2

维度	变量编号	最小值	最大值	平均值	标准差	方差	α 值
社会效益	VAR08	5	9	7.719	0.545	0.297	0.843
	VAR10	3	9	7.562	0.651	0.424	
	VAR04	1	9	7.337	0.840	0.705	
	VAR28	3	9	7.764	0.638	0.407	
	VAR09	1	9	7.449	0.853	0.727	
经济效益	VAR01	3	9	7.921	0.568	0.323	0.859
	VAR13	1	9	7.607	0.819	0.671	
	VAR25	3	9	7.674	0.677	0.459	
	VAR07	3	9	7.629	0.640	0.410	
	VAR02	1	9	7.202	0.908	0.824	
	VAR11	3	9	7.764	0.581	0.338	

续表

维度	变量编号	最小值	最大值	平均值	标准差	方差	α 值
环境效益	VAR14	1	9	7.427	0.821	0.674	0.837
	VAR06	5	9	7.966	0.385	0.149	
	VAR03	5	9	7.831	0.440	0.194	
	VAR24	3	9	7.809	0.529	0.280	
	VAR26	1	9	7.067	0.941	0.886	
	VAR18	3	9	7.315	0.729	0.532	

三、猎德村改造中政府、居民和开发商效益的模糊评价

基于原始评价数据，根据模糊评价矩阵确定的过程，得到猎德村改造政府效益、居民效益和开发商效益的模糊评价矩阵 Q_{l1}、Q_{l2}、Q_{l3}：

$$Q_{l1}=\begin{bmatrix}0.000 & 0.022 & 0.180 & 0.292 & 0.506\\ 0.022 & 0.034 & 0.169 & 0.303 & 0.472\\ 0.022 & 0.045 & 0.191 & 0.292 & 0.449\\ 0.000 & 0.000 & 0.112 & 0.315 & 0.573\\ 0.000 & 0.000 & 0.135 & 0.326 & 0.539\\ 0.000 & 0.022 & 0.225 & 0.315 & 0.438\end{bmatrix}$$

$$Q_{l2}=\begin{bmatrix}0.000 & 0.000 & 0.146 & 0.303 & 0.551\\ 0.000 & 0.011 & 0.157 & 0.348 & 0.483\\ 0.011 & 0.022 & 0.169 & 0.337 & 0.461\\ 0.000 & 0.000 & 0.169 & 0.315 & 0.517\\ 0.000 & 0.011 & 0.180 & 0.292 & 0.517\end{bmatrix}$$

$$Q_{l3}=\begin{bmatrix}0.000 & 0.000 & 0.135 & 0.270 & 0.596\\ 0.000 & 0.000 & 0.112 & 0.191 & 0.697\\ 0.011 & 0.022 & 0.169 & 0.315 & 0.483\\ 0.034 & 0.056 & 0.191 & 0.225 & 0.494\\ 0.000 & 0.011 & 0.180 & 0.281 & 0.528\end{bmatrix}$$

由模糊关系矩阵及表 5-15 中的各级指标熵权，通过式（6-2）和式（6-4）对模糊关系矩阵和熵权进行合成运算，即得到模糊综合评价结果：

$$B_{l1}=w_{l1}\times Q_{l1}=[0.009\quad 0.022\quad 0.169\quad 0.307\quad 0.493]$$

$$B_{l2}=w_{l2}\times Q_{l2}=[0.002\quad 0.009\quad 0.167\quad 0.315\quad 0.508]$$

$$B_{l3}=w_{l3}\times Q_{l3}=[0.011\quad 0.021\quad 0.158\quad 0.251\quad 0.558]$$

$$B_l=w_l\times\begin{bmatrix}B_{l1}\\ B_{l2}\\ B_{l3}\end{bmatrix}=[0.343\ \ 0.386\ \ 0.271]\times\begin{bmatrix}B_{l1}\\ B_{l2}\\ B_{l3}\end{bmatrix}=[0.007\ \ 0.017\ \ 0.165\ \ 0.295\ \ 0.516]$$

政府效益隶属度：$Z_{l1}=B_{l1}\times V^{\mathrm{T}}=B_{l1}\times\begin{bmatrix}1\\3\\5\\7\\9\end{bmatrix}=7.507$

居民效益隶属度：$Z_{l2}=B_{l2}\times V^{\mathrm{T}}=7.637$

开发商效益隶属度：$Z_{l3}=B_{l3}\times V^{\mathrm{T}}=7.646$

利益相关者视角的协调效益隶属度：$Z_{l}=B_{l}\times V^{\mathrm{T}}=7.595$

计算可知猎德村改造的政府效益隶属度、居民效益隶属度、开发商效益隶属度都介于良好（7）和很好（9）之间，良好以上，说明核心利益相关者的利益得到一定的保障，很好地平衡了三者的利益诉求，反映到协调效益隶属度也在良好以上。

四、猎德村改造中社会、经济和环境效益的模糊评价

基于获得的原始评价数据矩阵，根据式（6-1）模糊关系矩阵确定的过程，得到猎德村的社会效益、经济效益和环境效益评价的模糊关系矩阵 Q_{l4}、Q_{l5}、Q_{l6}：

$$Q_{l4}=\begin{bmatrix}0.000 & 0.000 & 0.180 & 0.281 & 0.539\\0.000 & 0.011 & 0.202 & 0.281 & 0.506\\0.011 & 0.022 & 0.213 & 0.292 & 0.461\\0.000 & 0.011 & 0.180 & 0.225 & 0.584\\0.011 & 0.022 & 0.202 & 0.258 & 0.506\end{bmatrix}$$

$$Q_{l5}=\begin{bmatrix}0.000 & 0.011 & 0.146 & 0.213 & 0.629\\0.011 & 0.034 & 0.135 & 0.281 & 0.539\\0.000 & 0.022 & 0.169 & 0.258 & 0.551\\0.000 & 0.022 & 0.157 & 0.303 & 0.517\\0.022 & 0.034 & 0.169 & 0.371 & 0.404\\0.000 & 0.011 & 0.169 & 0.270 & 0.551\end{bmatrix}$$

$$Q_{l6}=\begin{bmatrix}0.011 & 0.022 & 0.191 & 0.292 & 0.483\\0.000 & 0.000 & 0.112 & 0.292 & 0.596\\0.000 & 0.000 & 0.135 & 0.315 & 0.551\\0.000 & 0.011 & 0.135 & 0.292 & 0.562\\0.022 & 0.034 & 0.213 & 0.348 & 0.382\\0.000 & 0.022 & 0.236 & 0.303 & 0.438\end{bmatrix}$$

由模糊评价矩阵及表 5-16 中的各级指标熵权，通过式（6-2）和式（6-4）对模糊评价矩阵和熵权进行合成运算，即得到模糊综合评价结果：

$$B_{l4} = w_{l4} \times Q_{l4} = [0.253 \quad 0.238 \quad 0.173 \quad 0.166 \quad 0.170] \times Q_{l4}$$
$$= [0.004 \quad 0.012 \quad 0.195 \quad 0.270 \quad 0.519]$$
$$B_{l5} = w_{l5} \times Q_{l5} = [0.005 \quad 0.022 \quad 0.158 \quad 0.281 \quad 0.535]$$
$$B_{l6} = w_{l6} \times Q_{l6} = [0.004 \quad 0.013 \quad 0.165 \quad 0.305 \quad 0.514]$$
$$B_l' = w_l' \times \begin{bmatrix} B_{l4} \\ B_{l5} \\ B_{l6} \end{bmatrix} = [0.385 \quad 0.263 \quad 0.352] \times \begin{bmatrix} B_{l4} \\ B_{l5} \\ B_{l6} \end{bmatrix} = [0.004 \quad 0.015 \quad 0.174 \quad 0.285 \quad 0.522]$$

社会效益隶属度：$Z_{l4} = B_{l4} \times V^{\mathrm{T}} = B_{l4} \times \begin{bmatrix} 1 \\ 3 \\ 5 \\ 7 \\ 9 \end{bmatrix} = 7.577$

经济效益隶属度：$Z_{l5} = B_{l5} \times V^{\mathrm{T}} = 7.638$

环境效益隶属度：$Z_{l6} = B_{l6} \times V^{\mathrm{T}} = 7.627$

发展效益隶属度：$Z_l' = B_l' \times V^{\mathrm{T}} = 7.611$

猎德村改造的社会效益隶属度、经济效益隶属度和环境效益隶属度，以及发展效益隶属度都介于良好（7）和很好（9）之间，良好以上。

综合以上分析可知协调效益系数 $N = 7.595$，发展效益系数 $M = 7.611$，结合城市更新综合效益评价图（见图 6-3），属于 XO_5 区域，因此猎德村改造的综合效益评价为满足基本效益基本协调发展。

7.1.3 猎德村综合效益分析

新世纪、新时代下，广州 CBD 珠江新城的旧村改造，是现代和传统结合的城市更新运动。在实现城市更新目标的推动下，城市管理者希望通过环境的美化、经济的发展和文化的传承，集中建设完成猎德村的更新改造来提升城市品位。实际上，猎德村改造的成功是核心利益相关群体利益博弈均衡的结果体现，促进了区域社会生态要素的重构，创建了社会和谐、经济发展和生态环境良性循环的新社区。

一、城市管治和格局的积极变化

猎德村位于珠江新城的核心区域，猎德村的成功改造大幅提高了该区域的土地利用率。遵循土地节约集约利用的原则，猎德村改造采用重新设计和原地重建的做法。各组团的改造升级给猎德村的居住环境和空间环境带来质的变化，完善和丰富了珠江新城的功能，充实了核心区的商业价值，优化了城市景观风貌，统一了城市中心区的现代建筑风格，并加快城市格局一元化的进程。改造完成后，“猎德村”将融入城市，转变为一个集村集体结构、村集体经济组织和宗族关系的城市社区。这是一个具有村庄集体性质的城市型住宅区。在撤村改制后，猎德村的养老、社保、医保等社会行政服务将纳入城市体系，城市管治发生积极的变化。

二、环境整治，提升城市品位

经过近千年的沧桑洗礼，旧猎德村仍然保留了水乡古村落的原始风格和格局。新时代下的旧猎德环境与广州新 CBD 的现代化发展环境格格不入，现代化城市空间被打断。猎德村的整体重建，环境整治按照“修旧如旧、建新如故”的原则，主要建筑重复利用原有古建筑拆除的青砖和板坯，努力保持古村落的原始文化风貌。

在新猎德村的整体景观规划中以珠江、河滨绿化带作为设计背景，在景观整治中努力恢复岭南水乡旧貌，打造猎德古民居风情街。环绕猎德涌的景观改造工程向城市空间敞开了珠江滨水景观带，形成变化丰富的空间序列。猎人坊风情街化作清水绿廊把临江公园和珠江公园连接在一起，美化了环境，提升了城市品位。

三、经济重构，集体经济的可持续发展

在猎德村改造过程中，首先，是政府调整政策，允许开发商等社会资本参与城中村改造，村集体通过土地拍卖获得了改造资金。第 3 章已经分析出政府的收益是 3527.45 万元。经济上，政府无需过多投入资金就完成了猎德村的改造。

其次，拆迁补偿政策保障了大多数村民的利益，使拆迁工作顺利进行。通过第 3 章的分析，村民的期望收益为 17793.4 万元，显示村民是支持改造的。猎德村民经济收入的变化主要体现在以下几点：（1）租金增长。改造后的出租房租金比改造前有所增长，以 60m^2 的两室一厅为例，2007 年，租金为 800 元，改造后，2013 年升至 2500 元，翻了 3 倍以上，过去六年的租金增长率为 36.9%。（2）村内集体经济分红的变化。2007 年村民人均分红约 1 万元；改造后，2013 年，村民人均分红为 3 万元，分红年增长率为 33.3%。（3）猎德中心的建成，将为村集体每年增加 1 亿以上的集体收入，比改造前的收入提高近 1 倍，极大地促进村集体经济的发展。

最后，土地产权的置换满足了开发商的利润需求。通过第 3 章的计算得出开发商的期望收益是 313403.75 万元，因此开发商拍得猎德桥西地块进行商业开发，它的收益远远高于广州同等商业的开发收益。猎德村作为珠江新城的稀缺土地资源，随着城市化的快速发展和中国经济高速前进，此地块的商业价值成倍数的增长，故开发商参与猎德村的改造获得了丰厚的经济回报。

四、社区发展，历史文化和生活习俗得到传承

猎德村近千年的文化底蕴，构成了中国岭南水乡独特风貌。猎德涌、猎德龙舟、猎德码头等是广州城市形成、演变和变迁的生态写照。猎德文化的多样性则是广州悠久历史，丰富文化遗产的象征。改造后，猎德村集体将在“村庄”的特定历史环境下继承特定社区类别要素的整体完整性，这是一个具有村集体性质的城市型居住区。18 座历史悠久的宗祠，两至三幢“握手楼”，牌坊、祠堂、码头、传统街道、古树等都将被保存为猎德村的博物馆。为延续村民对传统村落和生活的记忆，基于原始村庄的传统建筑，在保留结构和建筑风格的基础上，融合了现代时尚元素，将古色古香的商业街与民国的岭南建筑风格相结合，形成独特的风格和艺术氛围。猎人坊风情街的建设，最大限度地吸收了历史村庄的文化元素。

猎德村的改造注重原始村庄历史、文化和生活习惯的继承。在祠堂和龙母寺旁重建一个龙舟湖和码头，以顺应村民的风俗习惯，为端午节祈祷风雨和赛龙舟。每年的猎德龙舟节不仅具有丰富的文化魅力，而且名扬四海，海内外游客把它奉为广州龙舟文化的代表。

五、创新改造模式，多方实现共赢

猎德村采取政府、开发商和村民三方合作，各司其职的改造方式，最终实现三方共赢的局面。政府提供政策支持并投入少量资金用于改善公共市政基础设施，完善了广州 CBD 珠江新城的规划，实现社会的整体效益；政府组织融资地块的拍卖，替猎德村筹集改造资金，猎德村集体在没有付出多少经济成本的情况下将房屋升级到广州 CBD 等级的豪宅，享受居住环境质量的巨大提升，也带来了社区治安水平的提高；开发商虽然花费了巨大的开发成本，但也获得政府给予的相关政策优惠，以及珠江新城优质土地资源带来的高额利润回报。

7.1.4 猎德村改造的经验与借鉴

一、猎德模式不能简单地拷贝

猎德村的改造取得了显著成效，基本满足了核心利益相关群体的诉求，总体实现了改善城市环境的目标。但猎德村改造的成功实施有其先天的优势和客观条件。首先，猎德村的位置条件非常好，位于广州 CBD 核心区域，土地资源非常稀缺，通过土地换资金方式就满足了改造所需的资金。远离市中心的城中村不一定适合这种模式；其次，作为首个城中村改造的试点项目得到政府的大力支持，之后的管理和措施将会越来越多和越来越严。事实上，每个城中村都有自身的条件和特点，应经过科学和合理的论证，最终确定适合自己的改造模式，杜绝盲目仿效与攀比。

二、保护传统历史文化的做法值得肯定，但推倒重建的方法值得思考

猎德村在整个改造过程中十分重视村落传统历史文化的保护。集中复建祠堂，修建历史文化风情街，保留岭南风格，保存两至三幢的"握手楼"作为猎德改造博物馆，每年端午节的龙舟大赛都很好地延续了历史记忆，保护历史文化，传承猎德精神。但在整体拆除重建方案下，如何最大程度保留千年古村的历史元素，是学者们关注的焦点。尽管猎德村改造得到社会的认可，也算是一项正面效应工程，但是从拆迁重建的文化视角出发，有学者表达了遗憾。

三、不能追求过高的容积率，导致"屏风楼"的出现

有专家指出，新建的回迁房是一排排的高层建筑，像屏风，间距差，过于密集，给人一种压抑感，是失败的案例。究其原因，是采用"倒算容积率"造成的。猎德村回迁房建设总量的确定是按照旧村拆迁面积倒推确定，直接后果就是容积率都相对较高。相关部门解释这是根据村民的要求而设计的。因为猎德村位置优越，地价高，改造成本也高，增加容积率可以增加建筑面积，满足村民的利益需求。这种追求高容积率的做法不能算是成功的案例，在以后的城中村改造应该要合理规划，尽量避免。

7.2　D–G–R 模式的琶洲村改造

琶洲村改造是由开发商主导完成的 D-G-R 城市更新模式。该模式以开发商和村集体为主体，政府提供政策支持，开发商是主导，组织具体改造事务，运用资本市场对城中村的闲置土地进行商业开发。除了保留建筑历史文物外，其他整体拆迁后建设现代化社区，一部分用作回迁安置房，另一部分以商品房的形式出售，以支付拆迁补偿费和新琶洲村的建设费。除此之外，剩余的就是开发商的利润。该模式主要适用于地理区位优势明显，土地未来增值空间大的城中村，这样才能吸引开发商垫资参与城中村改造，同时，村民生活用地和经济发展用地分离度较高，可对村民生活的影响降到最低。

D-G-R 模式是基于政府提供优惠政策，开发商独立承担或开发商和村集体合资支付拆迁安置补偿、建设和销售等工作，通过市场运作，实现政府、村民和开发商的共赢。主要特点如下：（1）政府领导制定城市规划，开发商负责推进改造，村集体合作支持相关工作。开发商首先需要出资支付拆迁补偿费和安置房的建设费用，拆迁安置和建设的责任和风险从政府转移到企业。（2）解决了土地二元制的矛盾。村属土地国有化，进入市场。（3）通过土地融资，减轻了政府和村民筹集改造资金的压力，随着土地价值成倍增值，开发商收获丰厚的利润回报。（4）开发商主导改造工作，受追求利润最大化目标的影响，往往造成高容积率，冲击房地产市场的风险。

该模式的优缺点：（1）优势在于解决了政府和村民所需庞大改造资金的问题，使城中村的改造成为可能。引入市场机制可以充分反映市场配置资源的高效率。（2）缺点是开发商的参与使相关利益相关者增加。由于每个参与者所追求的利益不一致，利益博弈的结构将变得复杂，特别是如果政府不能作为利益协调者发挥公平作用，村民的利益可能会受到侵害。

7.2.1 琶洲村案例介绍

琶洲村是一个有上千年历史的旧村庄。它位于广州市珠江南岸，海珠区琶洲岛，毗邻国际会展中心，东部及南部是储备用地，西部紧靠琶洲塔公园，北临珠江。项目所在地交通便利，地理位置优越，广州地铁4号线和地铁8号线在东南侧交汇，设万胜围站。外部城市主干道有科韵路、新港东路、环城高速公路等。琶洲村的规划区域图见图7-3。

图 7-3 琶洲村改造的规划区域图

（来源：《广州市城中村改造的效益分析》- 唐甜 - 华南理工大学）

一、项目背景

琶洲村的社会经济、土地性质、建筑状况及改造背景如下：

1. 社会经济

琶洲村是著名的鱼米之乡。全村总人口不到 2 万人，包括原村民和外来人员。其中，农转居共有 1300 户 5287 人，外来人员 12438 人，分属 10 个经济合作社。琶洲村也曾是主要的水果和甘蔗种植区，但农业生产收入占比较小，主要集中在集体工业厂房和房屋出租。村民每年可以获得集体经济公司的生活和福利补贴，如医疗保险等。经济联社的 2942 名股东也可从集体公司获取股息。原居民拥有琶洲户籍，但他们不持有集体公司的股份，也不享受生活和福利补贴。外来人员一般租住在琶洲村民的出租屋，主要从事与国际会展中心有关的业务，例如每年广交会的事务。

2. 改造前用地情况

琶洲村的储备开发用地面积 68.7ha，经济开发用地面积 18.32ha，其他用途的占地面积 21.37ha。配套设施主要有小学、幼儿园、派出所、卫生站和市场，满足最基本的生活需要，但其他设施相对缺乏。琶洲村改造前鸟瞰图见图 7-4。

图 7-4　琶洲村改造前鸟瞰图

（来源：《广州市城中村改造的效益分析》- 唐甜 - 华南理工大学）

3. 房屋情况

城中村的房屋多是在 1990 年之前建成，部分是砖混结构，密度高，环境差，布局相当混乱，主要是 3 层以下的旧住宅，4 ～ 8 层高的房子多是新建建筑，质量好。物业建筑主要是比较旧的低层砖混结构，施工质量差，部分空置。被改造房屋总建筑面积 66.16 万 m^2，其中有产权面积 58.14 万 m^2。住宅面积 58.62 万 m^2，有产权面积 52.53 万 m^2。旧集体物业总建筑面积 7.54 万 m^2，有产权面积 5.61 万 m^2。建筑现状详见表 7-3。

琶洲村改造前现状统计一览表　　表 7-3

项目		规模	备注
总人口		18275人	
其中	村民常住人口	约5287人，1300户	
	居民常住人口	550人	
	外来人口	12438人	
现状建筑总量		66.16万m^2	
其中	合法建筑	58.14万m^2	按1∶1复建
	无证建筑	8.02万m^2	按1000元/万m^2补偿
总住宅量		58.62万m^2	
其中	合法住宅	52.53万m^2	按1∶1复建
	无证住宅	6.09万m^2	按1000元/万m^2补偿
总集体物业量		7.54万m^2	
其中	合法集体配套设施	5.61万m^2	
	无证集体配套设施	1.93万m^2	
其他		4.2万m^2	采用货币补偿
其中	军事建筑	约2.2万m^2	
	厂房	约2万m^2	

4. 改造背景

琶洲村的改造是在 2010 年广州亚运会背景下典型的以开发商为主导的城市更新模式。它采用广州市政府、开发商和琶洲经济联社三方合作方式，并由政府监督，开发商垫资、琶洲经济联社出地进行改造。2008 年，广州市规划局编制琶洲地区详细规划，把珠江新城—琶洲—员村区域定位为广州市 CBD。2009 年 6 月 1 日，广州市政府提出广州 CBD 区域的琶洲地区应该建设成为中央商务核心区、滨水中心区，休闲活动综合功能区。

二、改造方案

琶洲村改造区总建筑面积 68.1903 万 m^2，综合整治范围内土地总面积 75.8 万 m^2，规划建筑总面积 185 万 m^2，其中有 75 万 m^2 属于村集体，包括集体物业和回迁房。改造区域分为 13 个地块，其中，六、七、八、九地块计划为公共绿地，总面积约 12 万 m^2；地块二为面积约 0.9 万 m^2 的广场用地。在一、三、四、五转让地块中，地块一是住宅和商业金融用地，另外三个地块是商业金融用地；地块十是村经济开发用地，开发商业、金融、服务、商务办公、文化娱乐等；地块十一是复建房建设用地，包括建设村民的住宅、幼儿园、蔬菜市场等；地块十二用作储备，面积 61541m^2；地块十三是中小学建设土地。修建性详细规划指标见表 7-4。

琶洲村改造修建性详细规划指标 表 7-4

地块编号	用地性质	用地面积（m^2）		建设指标		
		总用地面积	可建设用地面积 / 市政道路用地面积	容积率（按可建设用地面积计算）	计算容积率建筑面积（m^2）	公建配套建筑面积（m^2）
地块一	二类居住用地、商业、金融用地	237672	178915 / 58757	3.42	612041（住宅 40000）	12780
地块三	商业金融用地	56006	46518 / 9488	2.58	120000	350
地块四	商业金融用地	55019	34612 / 20407	6.07	210000	410
地块五	商业金融用地	49806	28084 / 21722	3.56	100000	240
地块十	村经济发展用地（商业、办公、文娱）	33246	20215 / 13031	4.72	95359	240
地块十一	村民住宅和经济发展用地	158451	146631 / 11820	4.73	693000（住宅 322000）	8580
地块十三	中小学生用地	30162	29027 / 1135	0.68	19600	19600

三、拆迁补偿方案

按《广州市琶洲村改造规划》的要求，拆迁补偿工作由政府监督实施。根据“拆一补一”的原则和《琶洲村城中村改造村民房屋拆迁补偿安置协议》，拥有合法房产的琶洲村民可以入住回迁房，但租户不会得到任何形式的补偿。主要拆迁补偿方案如下：

1. 临时安置费：住房安置标准 20 元 /m^2/ 月，商铺标准 30 元 /m^2/ 月，以 30 个月为计算基准，超过 30 个月未交付回迁房的，从第 31 个月起提高 1 倍标准。

协议签署后即可支付一年的临时安置费。

2. 临时搬迁费：600 元 / 次的标准，按每户一进一出 2 次计算，一次性发放。

3. 奖励费：2010 年 5 月 30 日前签订拆迁补偿安置协议的一次性奖励 2 万元。

4. 补偿标准：对于不符合回迁条件的住房面积部分，村民可以按照 4500 元 /m² 的价格购买，超建、不合法的住宅面积和不合法的集体物业面积均可按 1000 元 /m² 补偿。

5. 其他补偿：村屋（树木，铁棚，栅栏等）的附属物有相应的补偿标准。

四、琶洲村改造的资金来源

继猎德村试点后，琶洲村是第二个由广州市政府公开出让地块的城中村。最终，琶洲村内 4 幅改造地块以 1.42 亿元的底价成交，由开发商全面主导琶洲村的改造，负责拆迁安置费的补偿、安置区的房屋建设及所有市政道路与绿化建设。

7.2.2 琶洲村改造模糊评价

邀请政府部门，琶洲村村民，参加琶洲村改造的有关人员，利益相关方，以及有城中村改造经验的房地产开发企业等专家 100 名，对城市更新综合评价模型的各指标进行问卷评价，收集评分数据，回收有效问卷 91 份。相关数据统计结果见表 7-5 和表 7-6。

基于协调效益的问卷数据统计性描述——（琶洲村）　　表 7-5

维度	变量编号	最小值	最大值	平均值	标准差	方差	α 值
政府效益	VAR08	3	9	7.444	0.690	0.476	0.825
	VAR04	1	9	6.867	1.094	1.198	
	VAR02	1	9	6.756	1.158	1.342	
	VAR24	5	9	7.778	0.520	0.270	
	VAR09	3	9	7.689	0.474	0.224	
	VAR14	1	9	7.200	0.749	0.562	
居民效益	VAR16	1	9	6.911	0.964	0.929	0.785
	VAR07	1	9	7.022	0.836	0.699	
	VAR28	3	9	7.511	0.657	0.432	
	VAR06	3	9	7.533	0.691	0.477	
	VAR15	1	9	7.133	0.868	0.753	

续表

维度	变量编号	最小值	最大值	平均值	标准差	方差	α 值
开发商效益	VAR11	3	9	7.756	0.516	0.267	0.802
	VAR22	3	9	7.778	0.520	0.270	
	VAR13	1	9	7.444	0.663	0.440	
	VAR10	1	9	6.644	0.195	0.038	
	VAR30	1	9	7.156	0.829	0.688	

基于发展效益的问卷数据统计性描述——（琶洲村）　　表 7-6

维度	变量编号	最小值	最大值	平均值	标准差	方差	α 值
社会效益	VAR08	5	9	7.467	0.530	0.281	0.831
	VAR10	1	9	7.000	0.669	0.448	
	VAR04	1	9	6.800	0.921	0.848	
	VAR28	5	9	7.511	0.545	0.297	
	VAR09	3	9	7.533	0.493	0.243	
经济效益	VAR01	3	9	7.333	0.476	0.227	0.826
	VAR13	3	9	7.244	0.553	0.306	
	VAR25	3	9	7.156	0.648	0.420	
	VAR07	1	9	7.422	0.572	0.327	
	VAR02	1	9	6.911	0.797	0.635	
	VAR11	5	9	7.822	0.370	0.137	
环境效益	VAR14	1	9	7.156	0.675	0.456	0.806
	VAR06	5	9	7.644	0.463	0.215	
	VAR03	3	9	7.489	0.508	0.258	
	VAR24	5	9	7.556	0.470	0.221	
	VAR26	1	9	7.067	0.760	0.577	
	VAR18	3	9	7.311	0.640	0.409	

一、琶洲村改造中政府、居民和开发商效益的模糊评价

基于原始评价数据，根据模糊评价矩阵确定的过程，得到琶洲村改造中政府效益、居民效益和开发商效益的模糊评价矩阵 Q_{p1}、Q_{p2}、Q_{p3}：

$$Q_{p1}=\begin{bmatrix} 0.000 & 0.022 & 0.231 & 0.275 & 0.473 \\ 0.033 & 0.066 & 0.242 & 0.286 & 0.374 \\ 0.044 & 0.055 & 0.275 & 0.264 & 0.363 \\ 0.000 & 0.000 & 0.176 & 0.275 & 0.549 \\ 0.000 & 0.011 & 0.154 & 0.341 & 0.495 \\ 0.011 & 0.022 & 0.264 & 0.297 & 0.407 \end{bmatrix}$$

$$Q_{p2}=\begin{bmatrix} 0.033 & 0.044 & 0.231 & 0.352 & 0.341 \\ 0.022 & 0.033 & 0.242 & 0.352 & 0.352 \\ 0.000 & 0.022 & 0.209 & 0.286 & 0.484 \\ 0.000 & 0.022 & 0.220 & 0.253 & 0.505 \\ 0.011 & 0.044 & 0.264 & 0.264 & 0.418 \end{bmatrix}$$

$$Q_{p3}=\begin{bmatrix} 0.000 & 0.022 & 0.132 & 0.319 & 0.527 \\ 0.000 & 0.011 & 0.165 & 0.275 & 0.549 \\ 0.011 & 0.022 & 0.187 & 0.330 & 0.451 \\ 0.044 & 0.066 & 0.297 & 0.242 & 0.352 \\ 0.022 & 0.033 & 0.209 & 0.352 & 0.385 \end{bmatrix}$$

由模糊关系矩阵及表 5-19 中的各级指标熵权，通过式（6-2）和式（6-4）对模糊关系矩阵和熵权进行合成运算，即得到模糊综合评价结果：

$$B_{p1}=w_{p1}\times Q_{p1}=[0.074\ \ 0.191\ \ 0.204\ \ 0.220\ \ 0.110\ \ 0.201]\times Q_{p1}$$
$$=[0.017\ \ 0.031\ \ 0.228\ \ 0.286\ \ 0.437]$$

$$B_{p2}=w_{p2}\times Q_{p2}=[0.011\ \ 0.033\ \ 0.236\ \ 0.291\ \ 0.428]$$

$$B_{p3}=w_{p3}\times Q_{p3}=[0.017\ \ 0.032\ \ 0.206\ \ 0.295\ \ 0.450]$$

$$B_p=w_p\times\begin{bmatrix} B_{p1} \\ B_{p2} \\ B_{p3} \end{bmatrix}=[0.343\ \ 0.386\ \ 0.271]\times\begin{bmatrix} B_{p1} \\ B_{p2} \\ B_{p3} \end{bmatrix}=[0.015\ \ 0.032\ \ 0.225\ \ 0.290\ \ 0.437]$$

政府效益隶属度：$Z_{p1}=B_{p1}\times V^{T}=B_{p1}\times\begin{bmatrix} 1 \\ 3 \\ 5 \\ 7 \\ 9 \end{bmatrix}=7.190$

居民效益隶属度：$Z_{p2}=B_{p2}\times V^{T}=7.182$

开发商效益隶属度：$Z_{p3}=B_{p3}\times V^{T}=7.256$

利益相关者视角的协调效益隶属度：$Z_{p}=B_{p}\times V^{T}=7.205$

从以上分析可以看出，琶洲村改造的政府效益隶属度为 7.190，居民效益隶属度为 7.182，开发商效益隶属度为 7.256，三者都介于良好（7）和很好（9）之间，都在良好以上，偏向“一般”，其中，开发商效益评价高于政府效益评价和居民效益评价，最后的协调效益隶属度 7.205，评价也在良好以上，偏向“一般”。

二、琶洲村改造中社会、经济和环境效益的模糊评价

基于原始评价数据，根据模糊评价矩阵确定的过程，得到琶洲村改造中社会效益、经济效益和环境效益的模糊评价矩阵 Q_{p4}、Q_{p5}、Q_{p6}：

$$Q_{p4}=\begin{bmatrix}0.000 & 0.000 & 0.209 & 0.363 & 0.429\\ 0.011 & 0.033 & 0.242 & 0.407 & 0.308\\ 0.033 & 0.044 & 0.242 & 0.385 & 0.297\\ 0.000 & 0.000 & 0.209 & 0.341 & 0.451\\ 0.000 & 0.011 & 0.176 & 0.374 & 0.440\end{bmatrix}$$

$$Q_{p5}=\begin{bmatrix}0.000 & 0.011 & 0.198 & 0.429 & 0.363\\ 0.000 & 0.022 & 0.209 & 0.418 & 0.352\\ 0.000 & 0.033 & 0.231 & 0.385 & 0.352\\ 0.011 & 0.022 & 0.154 & 0.407 & 0.407\\ 0.022 & 0.033 & 0.253 & 0.385 & 0.308\\ 0.000 & 0.000 & 0.121 & 0.363 & 0.516\end{bmatrix}$$

$$Q_{p6}=\begin{bmatrix}0.011 & 0.022 & 0.242 & 0.363 & 0.363\\ 0.000 & 0.000 & 0.165 & 0.363 & 0.473\\ 0.000 & 0.011 & 0.187 & 0.374 & 0.429\\ 0.000 & 0.000 & 0.176 & 0.385 & 0.440\\ 0.011 & 0.022 & 0.297 & 0.297 & 0.374\\ 0.000 & 0.022 & 0.231 & 0.341 & 0.407\end{bmatrix}$$

由模糊关系矩阵及表 5-20 中的各级指标熵权，通过式（6-2）和式（6-4）对模糊关系矩阵和熵权进行合成运算，即得到模糊综合评价结果：

$$\begin{aligned}B_{p4}=w_{p4}\times Q_{p4}&=[0.253\ \ 0.238\ \ 0.173\ \ 0.166\ \ 0.170]\times Q_{p4}\\&=[0.008\ \ 0.017\ \ 0.217\ \ 0.375\ \ 0.383]\end{aligned}$$

$$B_{p5}=w_{p5}\times Q_{p5}=[0.005\ \ 0.018\ \ 0.187\ \ 0.396\ \ 0.394]$$

$$B_{p6}=w_{p6}\times Q_{p6}=[0.002\ \ 0.011\ \ 0.207\ \ 0.358\ \ 0.422]$$

$$B'=w'\times\begin{bmatrix}B_{p4}\\B_{p5}\\B_{p6}\end{bmatrix}=[0.385\ \ 0.263\ \ 0.352]\times\begin{bmatrix}B_{p4}\\B_{p5}\\B_{p6}\end{bmatrix}=[0.005\ \ 0.015\ \ 0.205\ \ 0.374\ \ 0.399]$$

社会效益隶属度：$Z_{p4}=B_{p4}\times V^{\mathrm{T}}=B_{p4}\times\begin{bmatrix}1\\3\\5\\7\\9\end{bmatrix}=7.212$

经济效益隶属度：$Z_{p5}=B_{p5}\times V^{T}=7.310$

环境效益隶属度：$Z_{p6}=B_{p6}\times V^{T}=7.371$

发展效益隶属度：$Z_{p}'=B_{p}'\times V^{T}=7.294$

琶洲村改造的社会效益隶属度7.212，经济效益隶属度7.310，环境效益隶属度7.371，发展效益隶属度7.294，都介于良好（7）和很好（9）之间。其中，环境效益最高，略高于经济效益，社会效益最低，说明琶洲村改造很好地体现了环境效益，改造后的环境改善得到一定的认可，各方的经济利益也有一定的保证，发展效益评价能达到良好以上。

综合以上分析可知协调效益系数$N=7.205$，发展效益系数$M=7.294$，结合城市更新综合效益评价图（图6-3），属于XO_5区域，因此琶洲村改造的综合效益评价为满足基本效益基本协调发展。

7.2.3 琶洲村改造综合效益分析

琶洲村的综合改造是基于有强大的开发商的参与，解决了改造的资金问题，消除政府筹集资金的担忧，开发商全面负责改造的各项工作，并按市场化的方式进行。因此，这种模式的灵活度大，适用性较高。但是，开发商追求利润最大化的天性，使得开发商和政府、村民利益不完全一致。因此，需要通过政府政策和监管来规范开发商的行为，这是政府在城中村改造中扮演的重要角色。

一、优化城市结构，提高城市竞争力

政府充分发挥了组织协调、指导监督、管理服务的作用，通过行使国家赋予的公权力，为改造创造良好政策环境和外部环境。一方面，政府通过城市更新规划，调整城市布局，合理利用闲置土地，以适应城市节约集约用地的战略目标，同时通过改造刺激经济增长；另一方面，实现了人民群众利益，维护社会稳定的目标。政府获得的收益主要是使城市的结构得到优化，提高竞争力，加快城市化，促进社会经济发展。

二、增加绿化率，改善居住环境

琶洲村的一体化规划、设计和建设，整体搬迁等筹划工作保障了村民居住和生活的合理安排。村民的生活环境和工作条件得到很大的改善，长远利益得到了较大提升。琶洲村新建建筑物的楼距70m，建筑物之间留有足够绿化带，使得绿地总面积达51000m^2，绿化率为35.3%。原来“脏、乱、差”的居住地方转变为高端整洁社区。

三、发展社区统筹管理效能

城中村区域内新建的农民公寓减少了出租屋分散管理引起的各种不稳定因素，提高了猎德村的管理效率。根据广州市政府提出的“深化村集体制转制改革，确保村民纳入城市社会保障体系，实施同城待遇”的要求，政府意识到为村民的生活提供制度保障是基本要求之一。目前琶洲村民的社会保障已基本纳入城市社会保障体系、医疗保障体系。改造后的琶洲村民获得最大的社会和就业保障。

四、传承历史文化

经过数百年的发展，琶洲村主要有郑氏、徐氏两族人，共有18个祠堂。保存和保护好这些文物级的祠堂也是村民最关心的事情。按规划设计，在安置区主入口处重建郑姓和徐姓的两个祠堂，但对其他古建筑则没有具体的保护方案。在琶洲村的重建中，也没有更具体的措施和方法来解决历史人文的延续问题，这方面的工作有待加强。

五、经济利益分配合理

1. 政府收益

第一，获取土地出让金。政府为了吸引开发商参与完成75.8万m^2的琶洲村改造，拍卖地价仅为3.56元/m^2，总价格为1.42亿元，低价转让39.85万m^2的4幅地块；第二，低地价的条件是开发商承担琶洲村改造的拆迁安置补偿费、回迁房建设和公共基础设施建设，这就减少了政府的财政支出；第三，增加与开发商交易的相关税费等间接收益。首先，政府维护的是公共利益，而不是特殊利益。其次，广州市政府明确了部分土地出让金划分给村集体经济组织，并建议未来五年全面改造的60%净收益拨给村集体经济，区政府设立专项资金，支持琶洲村的发展，并完善周边地区公共建筑和市政公共基础设施。

在琶洲村的改造中，政府让利于开发商是为了引入改造资金，让利于村集体及村民是为了推进改造进度。政府让出的主要是经济利益的“利”。“政府不与民争利”，政府忽略了经济收益，顺利完成了改造，使政府效益基本得到满足，政治效益明显。

2. 村民及村集体组织利益

琶洲村村民常住人口5287人，1300户。在土地出让融资后，村民及其集体获得短期和长期利益。拥有合法房产的琶洲村民主要关心的问题和期望收益有以下两大方面：

（1）拆迁补偿。村民最关心的是他们是否可以扩大出租房的收益。按照拆迁补偿安置协议，搬迁期限为30个月。根据原琶洲村总住宅面积58.62万m^2（合法住房面积52.53万m^2，无证住房6.09万m^2），按每户平均常住人口4人计算，每户均摊住宅面积450.8m^2/户（有证住宅面积404m^2/户，无证住宅面积46.8m^2/户）。从表7-7和表7-8的分析可以看出，改造与不改造村民的经济收益对比。如果不改造，根据原有的出租房，30个月内只能获得10.524万元的租金。如果改造，每户家庭在改造期内可得到约26.22万元的经济收入，并将获得与改造前合法面积相等的住房。此外，随着环境的改善和琶洲会展中心等周边地区的经济发展，琶洲地区的物业增值是不可避免的。由此可见，琶洲村改造对村民来说是满足经济利益诉求的。

琶洲村改造每户常住居民均摊房产收益表 **表7-7**

主要经济收益	补偿金额（元）	说明
临时安置补偿	242400	每月20元/m^2，按30个月计算平均每月8080元
搬迁补助费	12000	—
无证住宅补偿	46800	无证1000元/m^2材料补偿
提前签约奖励	10000	按50%居民获得奖励计算
搬迁支出	−5000	—
租房支出	−54000	按人均25m^2，每户租100m^2，30个月平均租金18元/m^2/月
合计	252200	

琶洲村不改造每户常住居民均摊房产收益表 **表7-8**

主要经济收益	面积（m^2）	金额（元/m^2/月）	时间（月）	收入（元）
出租收益	351	10	30	105300

注：旧琶洲村出租屋租金大体仅为8～12元/m^2，取中间值，按每户自留100m^2，351m^2出租，时间以30个月计，出租金额取30个月平均值（租金价格来源中原地产）。

（2）村集体经济的股息收入。除了个人住房租金外，属于村集体经济的物业收益也会大幅度增长。根据规划，琶洲村原有的集体物业约7万m^2，改造后增加到27万m^2，包括酒店、高级写字楼、大型商场和公寓。房产升值保守估计能达到6倍以上，村集体总资产将高达40亿以上，村集体经济获得持续稳定的经营收益，村民也会得到更多股息分红收益。

3. 开发商利益

开发商参与琶洲村改造，负责整个大型系统项目的拆迁和整体改造，除了提升社会声誉，树立企业形象外，更看重的企业期望收益是获得可观的资本运营效益。首先，政府批准的安置区容积率是 4.72。其次，用于开发商商业开发的地块四，规划建设一栋 60 层以上，高 200m 的超高建筑，地块容积率达 6.07。

琶洲村改造项目总投资约 170 亿元，其中，村民的拆迁安置费和回迁房的建设费约 55 亿元，黄埔古港的改造整治约 3 亿元，市政和绿化等基础设施建设约 3 亿元。其余资金用于商业开发建设。而其开发商的主要收益来自于地块一、三、四、五的商业开发。通过《广州市琶洲村改造规划及修建性详细规划》可以分析得出开发商在琶洲村改造过程中的经济收益情况，到 2012 年底琶洲村改造开发完成，开发商的商业开发收益约 291.6 亿元（参照当年琶洲村附近的写字楼、公寓等商业项目的销售价格），减去 170 亿元改造开发成本，总体收益约达 121.6 亿元，分析详见表 7-9。从利益最大化的角度看，开发商在三年琶洲村的改造中获得的收益非常可观。

琶洲村改造中开发商创造的地产价值　　**表 7-9**

地块	功能	面积（m^2）	2010 年价格（万元 /m^2）	2012 年价格（万元 /m^2）	地产价值（万元）
地块一	住宅	400000	2.2	2.53	1012000
	配套物业	212041		2.53	536463.73
	停车场	5738 位	20	23	131974
地块三	SOHO 办公	120000	2.5	2.875	345000
地块四	酒店、商业	210000	2.5	2.875	603750
地块五	写字楼、商业	100000	2.5	2.875	287500
地产总价值					2916687.73

注：2010年价格来源中原地产2010年11月16日资料，琶洲邦泰国际公寓均价2.2万元/m^2，保利世界贸易中心写字楼均价2.5万元/m^2，2012年的价格较2010年上涨约15%。

华南理工大学王幼松教授通过模糊算法量化各利益相关者的利益，得出各方利益分配比例[67]：政府为 21.54%，开发商为 30.77%，村集体及村民合计为 47.69%。

7.2.4　琶洲村改造的经验与借鉴

整村拆除重建的“琶洲模式”虽然可以显著、快速地提升城市景观与提升土地利用价值，但在成功推进的背后隐藏着一些忧患，也会产生许多社会问题。结合综合评价反映在以下几方面：

一是琶洲村这么大体量的改造只由一家开发商参与，容易造成资源过于集中，开发商也很容易操纵市场，形成马太效应，导致区域房地产价格的垄断。政府作为政策制定者，可以放宽准入条件，让多个开发商参与形成市场竞争，有利于资源的优胜配置。

二是整体拆除重建的城中村改造模式，有一个弊端就是对具有历史记忆的建筑物或者文物的彻底摧毁，虽然也有异地重建，但在这个问题上，开发商与村民还是发生了激烈的矛盾。毕竟重建后建筑历史的痕迹与古韵还会有多少记忆留存在村民的心中。所以城中村改造应尽可能地延续村落历史，传承千百年流传下来的文化特色。

三是外来人员的影响。在琶洲村的人口构成中，外来人员占很大比例。一方面，城中村低廉的租房价格，提供了低成本的生存空间；另一方面，城中村的商业形态为外来人员提供了很多就业机会。但是，随着琶洲村的拆迁改造，物质环境将得到很大改善，产业结构也将得到提升和优化，这给外来人员带来重大影响，因为随着住房质量和生活环境的提升，治安水平的提高，必然带来租金的增加，当超过他们的承受度时就会选择搬迁离开。居住空间的丧失也会导致谋生环境和就业机会面临严峻考验。

7.3 G-R-D 模式的杨箕村改造

杨箕村改造路径先是由政府一手操办所有改造事务的 G 模式，再转变为以政府为主导，村民和开发商合作支持模式的转变，可以归属为 G-R-D 模式。1999 年以后，为了防止开发商趁机追求高额利润，广州市政府禁止开发商参与城中村改造。城中村改造转由政府主导、投资和建设或者靠村集体和村民自筹资金进行改造。随着改造深入和逐渐推广，财政资金压力越来越大，导致改造进程十分缓慢，几乎停滞。2006 年，广州市政府提出“中调”概念，即在政府主导的前提下，允许引入社会资金改造城中村，解决政府的财政压力，加快改造步伐。但是，一旦引进外资，开发商肯定无法为了自己的利益而避免损害村民的合法权益。这要求政府在城中村改造中加强领导、监督和加大政策支持的力度。现在，广州城中村改造的方向是由完全的政府主导的模式向村集体自主开发，或者与开发商合作改造模式的方向转变。这是广州在城中村改造中以人为本原则的进一步体现，也表明广州市政府更加关注村民的利益。

G-R-D模式的特点：(1)以政府为主导综合协调，市场多元主体参与共同推动，这一模式适合各方资源可以灵活调动形成合力完成改造。(2)遵循“先安置、后改造”的原则，旧村居的拆迁和村民的安置工作由政府先行组织开展，融资地块由开发商拍得后，资金交由政府进行安置的建设，商业地块的规划开发经政府审批后交由开发商建设。

7.3.1 杨箕村案例介绍

杨箕村，原名簸箕村，始建于明末清初，是一条有着900多年悠久历史的古村落。杨箕村位于广州市越秀区中山一路东南侧，在中山一路和广州大道之间，毗邻广州CBD的珠江新城。因为它地处广州市中心，也由于杨箕村的改造历时六年，中间经历过有关利益相关群体激烈的矛盾冲突，导致改造停滞。在杨箕村拆迁僵局化解之际，我们回顾改造过程并反思这一改造模式，并从中吸取教训，总结经验，可以为广州“城中村”改造提供一些有益的借鉴。杨箕村改造前的鸟瞰图见图7-5。

图7-5 杨箕村改造前的鸟瞰实景

（来源：羊城晚报记者-蔡惠中 摄）

一、项目背景[153]

1.社会经济

杨箕村区域位置优越，交通条件便利，位于地铁1号线和5号线的交汇处。

这是一个经济发展良好，外来人员集中的社区。全村 15033 人，其中登记人员 5163 人，外来人员 9870 人。

20 世纪 80 年代，杨箕村首创杨箕股份合作经济联社（下文简称“杨箕联社”），是全国第一个农村股份制经济组织，集体经济体制转变为股份制，股息每年支付两次。1992 年杨箕村成为广州首个“亿元村”，新建了杨箕酒店、杨箕商业城、全国第一个“外商活动中心”等物业。1993 年，还在多个新工业园区投资建厂，当年全村固定资产就达 8 亿元。截至 2010 年，杨箕村有 36 条街道，123 个小巷和 9 座祠堂。除了当地人，还有 4 万名低收入人士，如保安员、清洁工和服务员。与杨箕村一路之隔，是广州的中央商务区，房价平均价格超过 3.5 万 /m^2。

2. 改造前用地情况

杨箕村改造的住宅用地面积为 10.76ha，人均居住用地 20.84m^2，属于较低水平。改造的村集体经济发展用地为 0.75ha，改造范围以外的村集体经济发展为 21.26ha。杨箕村的住宅密度大、建筑质量差、环境脏乱、土地价值低，与城市发展不协调。

3. 建筑状况

杨箕村改造区内的建筑面积 34.76 万 m^2，平均容积率 3.02。其中，住宅建筑面积为 32.38 万 m^2（拥有合法产权证书的住宅为 28.16 万 m^2），平均容积率 2.81，村集体经济物业建筑面积为 2.38 万 m^2。改造前后的情况见表 7-10。

杨箕村改造前后状况统计一览表 **表 7-10**

项目		规模	备注
总人口		15033人	
其中	户籍人口	5163人	
	外来人口	9870人	
现状建筑总量		34.76万m^2	容积率3.02
其中	合法建筑	30.54万m^2	按1∶1复建
	无证建筑	4.22万m^2	按1000元/万m^2补偿
总住宅量		32.38万m^2	容积率2.81
其中	合法住宅	28.16万m^2	按1∶1复建
	无证住宅	4.22万m^2	按1000元/万m^2补偿

续表

项目		规模	备注
总集体物业量		2.38万m^2	
其中	合法集体配套设施	2.38万m^2	
	无证集体配套设施	—	

4. 改造背景

直到改革开放，杨箕村一直是一个贫穷的旧村。20世纪80年代开始，广州市政府开始开发五羊新城——最早的商品房区。到了20世纪90年代又开始开发珠江新城CBD，杨箕村地处五羊新城和珠江新城之间，地理位置优越。

随着改革开放的推进，一栋栋高楼大厦拔地而起，杨箕村原有的郊野风光埋没在现代高楼中。杨箕涌的水慢慢变浊，古老的街巷出现了“握手楼”“接吻楼”“拥抱楼”。低廉的房租吸引了大量外来打工者，也曾因环境的脏乱差被公布于媒介。随着广州城市化进程，杨箕村制约着中心城区的发展，矛盾日显突出。为了让失去旧日美景的杨箕村重换新颜，并改善村民的居住环境，2008年，政府开启杨箕村的改造工作。

二、改造方案[154]

杨箕村的改造坚持村民自愿的原则，保护集体和村民的利益。同时，加强“城中村”的规划和管理，确保杨箕村的改造计划在政府财政支持下顺利实施。

2008年6月，广州市政府批准了杨箕村改造规划方案，规划图见图7-6。根据批复，杨箕村规划总用地面积约11.49万m^2，包括村民回迁房建设地块和公开出让地块。除了完整保留历史文物古建筑“玉虚宫”外，杨箕村拆除重建，进行整体改造。改造后，容积率为5.63，总建筑面积64.8万m^2，住宅建筑总面积不超过44万m^2。除了保留“玉虚宫”外，还将重建姚、李、秦、梁四大姓祠堂和一个酒店公寓，2所幼儿园和1所小学，1个垃圾转运站和肉菜市场等。

新杨箕村以杨箕大街为界划分为两部分，北部为安置房建设区，南部是出让融资地块。安置区被一条市政道路划分为两个地块，合共布置15栋36～42层的超高层住宅，一所幼儿园及一组祠堂建筑；南部地块也被市政道路分为6个区域，其中3号地块建设高达233m的超高层甲级办公楼；4号地块为建设一栋超高层住宅及一栋超高层办公楼；5号地块建设3栋超高层的住宅；6号地块建设一栋3层高的小建筑；7号地块和8号地块分别用于建设幼儿园和小学等配套设施。

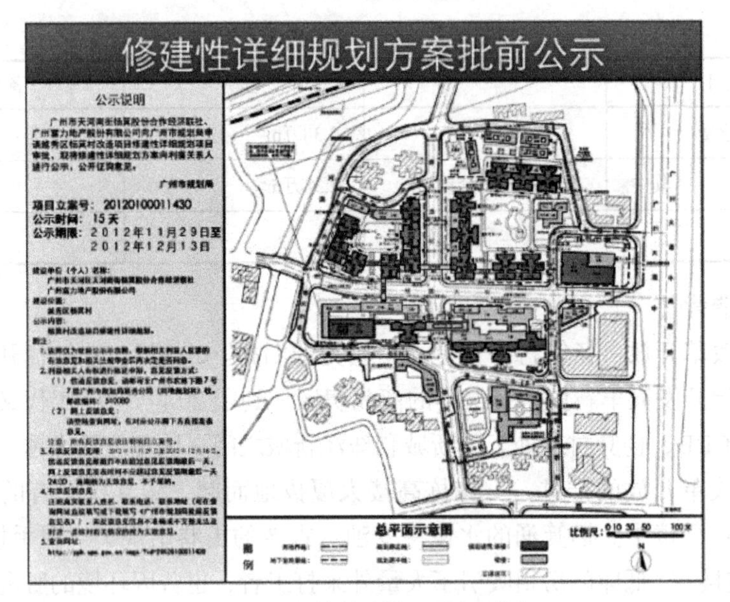

图 7-6　杨箕村改造项目规划图

（来源：广州市规划局）

2011 年 1 月 18 日杨箕村融资地块以楼面价 8593 元 /m^2 出售给发展商。2016 年初，项目的大部分建筑已经结构封顶，复建房进入整体装修施工。村委通过摇号分房，2016 年底村民已经收楼入住。

三、拆迁补偿方案

根据杨箕村拆迁补偿安置方案，主要补偿方案[155]如下：

1. 临时安置补偿费：按两年计算一次性支付给村民，第三年起因情况而异每半年支付一次。针对不同的建筑形态和交房时间有不同的补偿标准：（1）2010 年 6 月 30 日前，交付首层正在营业的商业物业，有工商营业执照赔偿标准 45 元 /m^2/ 月，无工商营业执照的补偿标准 40 元 /m^2/ 月；（2）2010 年 6 月 30 日前，交付首层住宅，补偿标准 35 元 /m^2/ 月，两层以上的补偿标准 30 元 /m^2/ 月；（3）在 2010 年 6 月 30 日之后交房的，临迁费则为 25 元 /m^2/ 月。

2. 搬迁补助费：按一进一出两次计算，以 30 元 /m^2 的标准补偿。

3. 补偿标准：杨箕村采取和猎德村一样的房屋补偿政策，按“拆一补一”的原则，即以安置房的套内建筑面积补偿被拆迁的旧房中有合法产权的建筑面积，不算公共分摊面积。没有合法产权证或超建部分建筑面积，将按 1000 元 /m^2 的标准补偿材料成本费，以四层外加 10m^2 计算为限。如果村民盖了五层、六层的不能得到房屋补偿，只有补偿材料费。

4. 村民房屋回迁安置采用阶梯式安置方式，以四层为界限。即按合法基建面积不足两层按两层计算，原两层以上不足三层补偿够三层，原三层以上不足四层补偿够四层，四层以上补偿有产权的合法面积。超出原有产权面积部分的建筑面积，村民可以按 3500 元 /m^2 的建筑成本价购买。四层及以下的合法住宅，按面积 1：1 比例等量重建，四层以上的合法住宅按 2：1 的比例转为商业物业，归村集体所有。经营融资资金必须专款专用，严格监管。

5. 奖励方案：按“早签字早交屋”的奖励原则和按“先签约先选房”的安置房分配原则。如果 2010 年 5 月 30 日前签订安置协议，每户家庭一次性奖励 2 万元和 1 万元签约费。如果在 2010 年 6 月 30 日之前交房，每户家庭再奖励 1 万元搬迁费。

6. 其他：所有费用包括复建物业建造费用、临时安置补助费用等，存入监管账户由政府和村共同监管，受到严格监控。如果改造由于发商的原因导致停滞，公开出让所得资金，可以确保安置房的建设及回迁。

四、杨箕村改造资金来源

继猎德村和琶洲村之后，杨箕村改造资金来源类似于猎德村的“出售土地融资”的形式，是广州第三个通过土地拍卖融资改造的城中村。但是与猎德村不同，杨箕村融资地块的获得者必须优先建设安置房。2011 年 1 月 18 日，27.38 万 m^2 的融资地块以低价 4.73 亿元被开发商竞得，加上安置房的建设成本 18.8 亿元，改造成本价超过 23 亿元。开发商必须先交改造监控资金 9.41 亿元，确保工程不烂尾。

7. 3. 2　杨箕村改造模糊评价

邀请政府部门，杨箕村村民，参加杨箕村改造的有关人员，利益相关方，以及有城中村改造经验的房地产开发企业等专家 100 名，对城市更新综合评价模型的各指标进行问卷评价，收集评分数据，回收有效问卷 86 份。相关数据统计结果见表 7-11 和表 7-12。

基于协调效益的问卷数据统计性描述——（杨箕村）　　表 7-11

维度	变量编号	最小值	最大值	平均值	标准差	方差	α 值
政府效益	VAR08	3	9	7.302	0.776	0.602	0.843
	VAR04	1	9	6.698	1.347	1.814	

续表

维度	变量编号	最小值	最大值	平均值	标准差	方差	α值
政府效益	VAR02	1	9	6.023	1.371	1.880	0.843
	VAR24	5	9	7.419	0.655	0.430	
	VAR09	3	9	7.442	0.663	0.440	
	VAR14	1	9	6.814	1.003	1.006	
居民效益	VAR16	1	9	6.349	0.951	0.904	0.826
	VAR07	1	9	6.558	0.851	0.724	
	VAR28	3	9	7.023	0.722	0.521	
	VAR06	5	9	7.186	0.583	0.340	
	VAR15	1	9	6.698	0.828	0.686	
开发商效益	VAR11	1	9	6.651	0.969	0.939	0.851
	VAR22	5	9	7.605	0.536	0.287	
	VAR13	3	9	7.186	0.698	0.487	
	VAR10	1	9	6.163	1.179	1.391	
	VAR30	1	9	6.884	0.949	0.900	

基于发展效益的问卷数据统计性描述——（杨箕村） **表 7-12**

维度	变量编号	最小值	最大值	平均值	标准差	方差	α值
社会效益	VAR08	3	9	7.023	0.666	0.444	0.832
	VAR10	1	9	6.047	1.228	1.507	
	VAR04	1	9	6.395	1.037	1.075	
	VAR28	5	9	7.256	0.617	0.381	
	VAR09	3	9	7.186	0.641	0.411	
经济效益	VAR01	3	9	7.140	0.617	0.381	0.875
	VAR13	3	9	6.884	0.662	0.438	
	VAR25	1	9	6.698	0.802	0.644	
	VAR07	1	9	6.907	0.889	0.790	
	VAR02	1	9	6.372	1.109	1.230	
	VAR11	3	9	7.163	0.714	0.510	

续表

维度	变量编号	最小值	最大值	平均值	标准差	方差	α 值
环境效益	VAR14	1	9	6.930	0.902	0.814	0.883
	VAR06	5	9	7.512	0.600	0.360	
	VAR03	3	9	7.326	0.648	0.420	
	VAR24	5	9	7.581	0.435	0.189	
	VAR26	1	9	6.837	1.017	1.034	
	VAR18	1	9	6.884	0.925	0.855	

一、杨箕村改造中政府、居民和开发商效益的模糊评价

基于原始评价数据，根据模糊评价矩阵确定的过程，得到琶洲村改造中政府效益、居民效益和开发商效益的模糊评价矩阵 Q_{y1}、Q_{y2}、Q_{y3}：

$$Q_{y1}=\begin{bmatrix} 0.000 & 0.023 & 0.256 & 0.267 & 0.453 \\ 0.047 & 0.081 & 0.244 & 0.233 & 0.395 \\ 0.070 & 0.105 & 0.326 & 0.244 & 0.256 \\ 0.000 & 0.000 & 0.256 & 0.279 & 0.465 \\ 0.000 & 0.023 & 0.186 & 0.337 & 0.453 \\ 0.023 & 0.035 & 0.302 & 0.291 & 0.349 \end{bmatrix}$$

$$Q_{y2}=\begin{bmatrix} 0.023 & 0.047 & 0.407 & 0.279 & 0.244 \\ 0.012 & 0.035 & 0.384 & 0.302 & 0.267 \\ 0.000 & 0.023 & 0.291 & 0.337 & 0.349 \\ 0.000 & 0.000 & 0.267 & 0.372 & 0.360 \\ 0.012 & 0.035 & 0.326 & 0.349 & 0.279 \end{bmatrix}$$

$$Q_{y3}=\begin{bmatrix} 0.023 & 0.047 & 0.302 & 0.337 & 0.291 \\ 0.000 & 0.000 & 0.186 & 0.326 & 0.488 \\ 0.000 & 0.023 & 0.244 & 0.349 & 0.384 \\ 0.047 & 0.093 & 0.326 & 0.302 & 0.233 \\ 0.023 & 0.047 & 0.221 & 0.384 & 0.326 \end{bmatrix}$$

由模糊关系矩阵及表 5-17 中的各级指标熵权，通过式（6-2）和式（6-4）对模糊关系矩阵和熵权进行合成运算，即得到模糊综合评价结果：

$$B_{y1}=w_{y1}\times Q_{y1}=[0.074\quad 0.191\quad 0.204\quad 0.220\quad 0.110\quad 0.201]\times Q_{y1}$$
$$=[0.028\quad 0.048\quad 0.269\quad 0.271\quad 0.384]$$

$$B_{y2}=w_{y2}\times Q_{y2}=[0.009\quad 0.026\quad 0.327\quad 0.335\quad 0.303]$$

$$B_y = w_y \times \begin{bmatrix} B_{y1} \\ B_{y2} \\ B_{y3} \end{bmatrix} = [0.343\ \ 0.386\ \ 0.271] \times \begin{bmatrix} B_{y1} \\ B_{y2} \\ B_{y3} \end{bmatrix} = [0.018\ \ 0.038\ \ 0.288\ \ 0.313\ \ 0.343]$$

$$B_{y3} = w_{y3} \times Q_{y3} = [0.018\ \ 0.042\ \ 0.256\ \ 0.334\ \ 0.349]$$

政府效益隶属度：$Z_{y1} = B_{y1} \times V^{T} = B_{y1} \times \begin{bmatrix} 1 \\ 3 \\ 5 \\ 7 \\ 9 \end{bmatrix} = 6.869$

居民效益隶属度：$Z_{y2} = B_{y2} \times V^{T} = 6.798$

开发商效益隶属度：$Z_{y3} = B_{y3} \times V^{T} = 6.905$

利益相关者视角协调效益隶属度：$Z_{y} = B_{y} \times V^{T} = 6.851$

计算可知，政府效益隶属度、居民效益隶属度和开发商效益隶属度都介于一般（5）和良好（7）之间，都在“一般”以上，偏向“一般”，其中，开发商效益最高，居民效益最低。最后反映到协调效益隶属度也介于“一般”和“良好”，偏向“一般”。

二、杨箕村改造中社会、经济和环境效益的模糊评价

基于获得的原始评价数据，根据模糊评价矩阵的确定过程，得到琶洲村改造中社会效益、经济效益和环境效益的模糊评价矩阵 Q_{y4}、Q_{y5}、Q_{y6}：

$$Q_{y4} = \begin{bmatrix} 0.000 & 0.023 & 0.267 & 0.384 & 0.326 \\ 0.058 & 0.081 & 0.372 & 0.256 & 0.233 \\ 0.035 & 0.058 & 0.326 & 0.337 & 0.244 \\ 0.000 & 0.000 & 0.267 & 0.337 & 0.395 \\ 0.000 & 0.023 & 0.221 & 0.395 & 0.360 \end{bmatrix}$$

$$Q_{y5} = \begin{bmatrix} 0.000 & 0.012 & 0.256 & 0.384 & 0.349 \\ 0.000 & 0.023 & 0.302 & 0.384 & 0.291 \\ 0.012 & 0.035 & 0.314 & 0.372 & 0.267 \\ 0.023 & 0.035 & 0.221 & 0.407 & 0.314 \\ 0.047 & 0.070 & 0.267 & 0.384 & 0.233 \\ 0.000 & 0.023 & 0.256 & 0.337 & 0.384 \end{bmatrix}$$

$$Q_{y6} = \begin{bmatrix} 0.023 & 0.023 & 0.256 & 0.360 & 0.337 \\ 0.000 & 0.000 & 0.221 & 0.302 & 0.477 \\ 0.000 & 0.023 & 0.198 & 0.372 & 0.407 \\ 0.000 & 0.000 & 0.151 & 0.407 & 0.442 \\ 0.023 & 0.047 & 0.267 & 0.314 & 0.349 \\ 0.023 & 0.035 & 0.244 & 0.372 & 0.326 \end{bmatrix}$$

由模糊关系矩阵及表 5-18 中的各级指标熵权，通过式（6-2）和式（6-4）对模糊关系矩阵和熵权进行合成运算，即得到模糊综合评价结果：

$$B_{y4} = w_{y4} \times Q_{y4} = [0.253\ \ 0.238\ \ 0.173\ \ 0.166\ \ 0.170] \times Q_{y4}$$
$$= [0.020\ \ 0.039\ \ 0.295\ \ 0.339\ \ 0.307]$$
$$B_{y5} = w_{y5} \times Q_{y5} = [0.012\ \ 0.032\ \ 0.268\ \ 0.375\ \ 0.313]$$
$$B_{y6} = w_{y6} \times Q_{y6} = [0.009\ \ 0.019\ \ 0.216\ \ 0.359\ \ 0.397]$$

$$B_y' = w_y' \times \begin{bmatrix} B_{y4} \\ B_{y5} \\ B_{y6} \end{bmatrix} = [0.385\ \ 0.263\ \ 0.352] \times \begin{bmatrix} B_{y4} \\ B_{y5} \\ B_{y6} \end{bmatrix} = [0.014\ \ 0.030\ \ 0.260\ \ 0.356\ \ 0.340]$$

社会效益隶属度：$Z_{y4} = B_{y4} \times V^{T} = B_{y4} \times \begin{bmatrix} 1 \\ 3 \\ 5 \\ 7 \\ 9 \end{bmatrix} = 6.748$

经济效益隶属度：$Z_{y5} = B_{y5} \times V^{T} = 6.892$

环境效益隶属度：$Z_{y6} = B_{y6} \times V^{T} = 7.230$

发展效益隶属度：$Z_y' = B_y' \times V^{T} = 6.956$

社会效益隶属度和经济效益隶属度介于一般（5）和良好（7）之间，偏向“一般”；环境效益隶属度介于良好（7）和很好（9）之间，偏向“良好”；最后反映到发展效益隶属度介于一般（5）和良好（7）之间，接近“良好”。

综合以上分析可知协调效益系数 $N = 6.851$，发展效益系数 $M = 6.956$，结合城市更新综合效益评价图（图 6-3），属于 XO_5 区域，因此杨箕村改造的综合效益评价为满足基本效益基本协调发展。

7.3.3　杨箕村改造综合效益分析

通过土地功能和布局的调整，杨箕村充分发挥了土地价值，改善了人居和城市环境、建设了区域特色和生态绿化社区、传承了历史文脉，使杨箕村在居住环境、社区管理、文化心理和经济等方面慢慢融入“大城市”。

一、改善城市形象，提高城市综合管理水平

在杨箕村改造过程中，政府发挥主导作用，出台了规划、税费、产权等政策和指引，协调各职能部门承担咨询、服务角色，统筹杨箕村的改造。在政府大力推动下，杨箕村的拆除重建消除了破旧的“握手楼”、不良的排污系统等落后的城市形象。改造完成后引入专业的物业管理，大大改善原有村居落后的管理能力，提升社区经营质量，消除了很多潜在的安全隐患，社区管理次序等逐渐纳入城市一体化管理，城市综合管理水平和综合形象得到质的提升。

二、实现村民人居环境与城市环境的整体提升

改造前，杨箕村环境凌乱，建筑密度高，日照和通风条件差。经过多年的努力，杨箕村蜕变成一座现代化的超高层住宅群，不再是贴在一起的“拉手楼”。村民搬进了配套完善、环境舒适的新社区，生活配套设施完备，例如幼儿园、小学、活动中心、卫生站、市场、商业街等。一个 27 万 m^2 的现代化大型城市综合体，集居住、办公、购物于一体，使村民的生活更加便捷和丰富。通过人居环境的改善，实现了城乡环境的结合，提升了城市整体环境品质。改造后整体鸟瞰图见图 7-7。

图 7-7 杨箕村旧城改造项目整体鸟瞰图

（来源：《广州杨箕村旧城改造项目》- 吴晶晶）

三、促进村组织体系创新，创立现代城市社区

中小学、医院和社区活动中心等社区设施的建设承担了社会保障职能的必要基础。但现代城市社区还需要完善社区参与制度、社区财政制度、社区保障制度。待制度建成后“村民”才变成“居民”，建立居民代表会议制度，发挥民主监督作用。随着村民身份的变化，杨箕村的社会福利保障制度也以多元化的方式发挥作用。在养老保险方面，提取部分集体经济收入用作养老保险基金；在医疗保险方面，对于已经就业的村民，由企业购买职工医疗保险。对无业的村民，则由社区负责购买医疗保险。保险费用由村集体经济和受益人共同承担。通过这样

建立的医疗保障体系，可以覆盖所有杨箕村村民。

四、历史文物风貌的保护

杨箕村为千年古村，除改善村民居住环境外，还需要尽量保护历史文化和传承旧村历史文脉。因此，最正宗也是最完整的历史文物古建筑“玉虚宫”得以保留，维系了杨箕村的历史传承。玉虚宫始建于明朝万历年间，数百年来，历经 8 次大修，在杨箕村民的心目中有着举足轻重的地位。宗族祠堂重建在玉虚宫旁，并保留了岭南建筑特色。围绕通过社区小品、园林和复建建筑的设计细节反映旧杨箕村的文化特点，并通过建设文化广场，保留和升华历史文脉，使传统乡村文化和现代都市文化相融交错，共同发展。

五、实现村民自身利益和城市经济发展的双赢格局

杨箕村位于广州市中心，地理位置优越，土地资源升值空间大。通过整体规划和布局调整，杨箕村的改造释放了旧村土地的价值，提高城市土地利用效率，实现了村集体和村民收入的增长和经济发展。开发商以 8529 元 /m^2 的楼面价获得杨箕村商业开发权，经过几年的城市化发展，城市土地资源稀缺，土地价格飞涨，待杨箕村完成改造之时，周边房价已经高企，均价已经达到 4 万 /m^2，开发商获利颇丰。杨箕村改造实现了开发商和村民的经济双赢局面，也实现了城市经济的发展。

7.3.4　杨箕村改造的经验与借鉴

一、应充分尊重不同利益诉求

由于拆迁补偿金不够公开透明，缺少村民的集体参与和讨论，个别村民意见很大，因此杨箕村在拆迁过程中，发生了严重影响和谐的事件。回顾整个事件的因果关系，有必要反思城中村改造的决策，推广程序和方法。

可以看出，城中村改造是一个充满多重博弈，多方利益交集的复杂过程。合理维护和平衡各方利益，是城市更新需要突破和解决的首要问题，更是化解拆迁各方矛盾的前提。城市更新的最优方案必然是一个博弈各方“利益平衡、多方共赢”的合理安排，这就需要尊重不同的利益诉求，让每一种诉求都得到宣导，得到回应，得到平衡。所以，在进行拆迁改造前应全面掌握民意，倾听民情，充分做好民情的摸查和思想工作，细致地了解民众对改造工作的愿望和要求；在制定改造方案、拆迁补偿安置方案时要全面征求民众的意见和建议，把合理的建议进行完善，不合理的及时做出释疑解惑，不明确的寻求法理的依据，达成共识；在方案确定后要对民众全面公开，收集异议，再次调研研究完善改造方案，直至得到绝大部分民众的满意和支持。每一环节都应该扎扎实实地落实好，不急功近利，不草率上马，以人为本，为改造工作奠定坚实的基石。

二、政府应该充分发挥把控全局和稳控作用

城市更新是推进新型城市化的重要一环。政府是关键的决策者，结合城市发展目标，在规划上做出统筹引导，通过明确的方向达到理想的改造效果，既融入了城市建设也保护了历史文化和城市文脉。此外，政府应有服务群众的职责，可以平衡各方利益，完善公共配套设施，维护社会安定。在杨箕村的改造中，政府始终发挥把控全局的主导作用，建立工作机制，进行广泛的宣传和动员，努力通过调解解决冲突和纠纷，坚持以“法、理、情、利”相结合的工作方法开展动迁协商。面对错综复杂的环境，充分发挥基层单位的属地管理、桥梁纽带作用，不断加强职能主管部门对拆迁工作的业务指导，全力排解已签约村民和留守户直接的矛盾，利用公安司法部门的稳控作用，加强矛盾排查和化解，对有过激行为的重点留守户进行教育疏导，呼吁村民保持理性克制，及时制止签约户和留守户之间的直接冲突，消除消防安全隐患，为拆迁工作提供了安全稳定的工作环境。政府的指导、监督和稳控为杨箕村改造的顺利完成奠定了基础。

三、执法注重人文关怀

政府一开始就单方设定城中村改造的时间表，而无周全的配套制度措施护航。在动迁之前，程序往往显得尤其重要，需要把所有先期的工作都做好，通过科学论证，充分考虑各方意见，寻求最大可能的相互理解和宽容，达成妥协的方案，尽量将矛盾化解在拆迁之前，不要等到真正的拆迁出现问题，边推进边解决问题以致陷入漫长的周旋之中，甚至只能依靠强拆导致流血冲突。

房屋拆迁直接关系被拆迁人的切身利益，每个被拆迁户都有自己的现实困难和心理特点，种种现实问题会引发他们的焦虑情绪，容易扎堆讨论自己的“不幸”，从而引起群体负面情绪的爆发。政府在处理纠纷时将调解手段的运用贯彻始终，注重人文关怀，庭审过程中对“钉子户”动之以情，晓之以理；庭审结束后，对败诉的“钉子户”反复促谈，力图达成执行和解；即使在强制执行时，仍多番动员，对留守人员做思想工作，加大司法调解力度；在已签约村民自发在“留守户”房屋外挖起“护城河”以施加压力之下，政府仍表示会保证留守者的人身安全。这种“和谈式拆迁”的选择与耐心，与其他地方频频发生的强拆相比，无疑是理性的，凸显执法中的人文关怀。但由于对个别留守户的情绪反应预

计不足，心理辅导缺失，一定程度上导致村民李某在多种矛盾无法正视绝望下跳楼身亡。因此，畅通诉求沟通渠道，建立心理辅导机制，为拆迁户释疑解惑，及时疏导拆迁户的焦虑、愤怒等负面情绪，做好个案分析处理，显得尤为重要。要在极端行为爆发前提前察觉、预防，对过激违法行为在寻求法律途径的同时，可创新调解方式方法，引入谈判机制，邀请谈判专家、心理专家针对性做调解工作，针对不同的情况加以心理疏导，使其度过拆迁的心理危机。

7.4 综合效益计算分析

在构建了综合效益评价方法的基础上，为寻找城市更新综合效益的最大化模式，还需要继续量化综合效益。通过第 6 章构建的基于熵权 - 改进雷达图法的城市更新多维度效益和综合效益计算方法，可得到各效益维度的效益值，具体见表 7-13 至表 7-19。

猎德村各效益维度的指标权重　　表 7-13

效益维度	权重	各指标权重值					
		指标 1	指标 2	指标 3	指标 4	指标 5	指标 6
政府效益（A1）	0.343	0.074	0.191	0.204	0.220	0.110	0.201
居民效益（B1）	0.386	0.143	0.161	0.154	0.251	0.291	
开发商效益（C1）	0.271	0.134	0.240	0.231	0.264	0.131	
社会效益（D1）	0.385	0.253	0.238	0.173	0.166	0.170	
经济效益（E1）	0.263	0.157	0.162	0.145	0.169	0.140	0.226
环境效益（F1）	0.352	0.107	0.184	0.214	0.196	0.107	0.193

琶洲村各效益维度的指标权重　　表 7-14

效益维度	权重	各指标权重值					
		指标 1	指标 2	指标 3	指标 4	指标 5	指标 6
政府效益（A1）	0.343	0.081	0.176	0.211	0.219	0.111	0.202
居民效益（B1）	0.386	0.156	0.178	0.161	0.246	0.259	
开发商效益（C1）	0.271	0.142	0.227	0.269	0.221	0.141	
社会效益（D1）	0.385	0.253	0.238	0.173	0.166	0.170	
经济效益（E1）	0.263	0.157	0.162	0.145	0.169	0.140	0.226
环境效益（F1）	0.352	0.107	0.184	0.214	0.196	0.107	0.193

杨箕村各效益维度的指标权重 **表 7-15**

效益维度	权重	各指标权重值					
		指标 1	指标 2	指标 3	指标 4	指标 5	指标 6
政府效益（A1）	0.343	0.094	0.172	0.196	0.209	0.117	0.212
居民效益（B1）	0.386	0.153	0.178	0.164	0.231	0.274	
开发商效益（C1）	0.271	0.154	0.220	0.142	0.235	0.249	
社会效益（D1）	0.385	0.253	0.238	0.173	0.166	0.170	
经济效益（E1）	0.263	0.157	0.162	0.145	0.169	0.140	0.226
环境效益（F1）	0.352	0.107	0.184	0.214	0.196	0.107	0.193

各项评价指标的平均得分 **表 7-16**

案例名称	效益维度	各指标模糊评价得分					
		指标 1	指标 2	指标 3	指标 4	指标 5	指标 6
猎德村	政府效益	7.562（A11）	7.337（A12）	7.202（A13）	7.921（A14）	7.809（A15）	7.337（A16）
	居民效益	7.809（B11）	7.607（B12）	7.427（B13）	7.697（B14）	7.629（B15）	
	开发商效益	7.921（C11）	8.169（C12）	7.472（C13）	7.180（C14）	7.652（C15）	
	社会效益	6.956（D11）	8.165（D12）	7.945（D13）	8.209（D14）	7.637（D15）	
	经济效益	7.967（E11）	7.879（E12）	8.275（E13）	8.297（E14）	7.176（E15）	7.176（E16）
	环境效益	8.077（F11）	7.945（F12）	7.681（F13）	6.956（F14）	7.725（F15）	7.176（F16）
琶洲村	政府效益	7.396（A11）	6.802（A12）	6.692（A13）	7.747（A14）	7.637（A15）	7.132（A16）
	居民效益	6.846（B11）	6.956（B12）	7.462（B13）	7.484（B14）	7.066（B15）	
	开发商效益	7.703（C11）	7.725（C12）	7.374（C13）	6.582（C14）	7.088（C15）	
	社会效益	7.719（D11）	7.562（D12）	7.337（D13）	7.764（D14）	7.449（D15）	
	经济效益	7.921（E11）	7.607（E12）	7.674（E13）	7.629（E14）	7.202（E15）	7.719（E16）
	环境效益	7.427（F11）	7.966（F12）	7.831（F13）	7.809（F14）	7.067（F15）	7.315（F16）
杨箕村	政府效益	7.302（A11）	6.698（A12）	6.023（A13）	7.419（A14）	7.442（A15）	6.814（A16）
	居民效益	6.349（B11）	6.558（B12）	7.023（B13）	7.186（B14）	6.698（B15）	
	开发商效益	6.651（C11）	7.605（C12）	7.186（C13）	6.163（C14）	6.884（C15）	
	社会效益	7.023（D11）	6.047（D12）	6.395（D13）	7.256（D14）	7.186（D15）	
	经济效益	7.140（E11）	6.884（E12）	6.698（E13）	6.907（E14）	6.372（E15）	7.163（E16）
	环境效益	6.930（F11）	7.512（F12）	7.326（F13）	7.581（F14）	6.837（F15）	6.884（F16）

协调效益维度的效益值和排序　表 7-17

案例名称	各维度的效益值			协调效益	排名
	政府效益	居民效益	开发商效益		
猎德村	177.184（A1）	183.178（B1）	183.997（C1）	103289.741	1
琶洲村	163.031（A1）	162.028（B1）	167.199（C1）	84425.358	2
杨箕村	149.705（A1）	144.856（B1）	149.475（C1）	68786.13	3

发展效益维度的效益值和排序　表 7-18

案例名称	各维度的效益值			发展效益	排名
	社会效益	经济效益	环境效益		
猎德村	180.354（A1）	183.154（B1）	183.146（C1）	104234.019	1
琶洲村	163.636（A1）	167.899（B1）	170.887（C1）	87856.291	2
杨箕村	143.733（A1）	149.231（B1）	164.593（C1）	72294.856	3

综合效益值和排序　表 7-19

案例名称	协调效益	发展效益	综合效益	排名
猎德村	103289.741	104234.019	103760.806	1
琶洲村	84425.358	87856.291	86139.042	2
杨箕村	68786.133	72294.856	70518.675	3

7.5　本章小结

本章选择 R-G-D 模式的猎德村、D-G-R 模式的琶洲村和 G-R-D 模式的杨箕村三个广州市城中村改造项目作为城市更新的典型案例进行实证研究，验证相关理论方法的正确性和适用性。根据城市更新综合效益评价模型，应用模糊数学方法对三个项目进行综合评价，运用基于改进的雷达图法量化综合效益值（见表 7-20）。三个案例的综合效益模糊评价结果分别是猎德村为 7.603（良好），琶洲村为 7.250(良好），杨箕村为 6.904(一般），除了杨箕村评价等级为“一般”之外，其他两个项目的综合评价结果都是“良好”。结合城市更新综合效益评价图显示三个项目的综合效益都是属于满足基本效益基本协调发展项目，比较符合实际情况。

城市更新综合效益评分归纳表 **表 7-20**

维度	权重	案例		
		猎德村	琶洲村	杨箕村
政府	0.343	7.507（良好）	7.190（良好）	6.869（一般）
居民	0.386	7.637（良好）	7.182（良好）	6.798（一般）
开发商	0.271	7.646（良好）	7.256（良好）	6.905（一般）
协调效益系数 N		7.595（良好）	7.205（良好）	6.851（一般）
社会	0.385	7.577（良好）	7.212（良好）	6.748（一般）
经济	0.263	7.638（良好）	7.310（良好）	6.892（一般）
环境	0.352	7.627（良好）	7.371（良好）	7.230（良好）
发展效益系数 M		7.611（良好）	7.294（良好）	6.956（一般）
模糊评价隶属度 $Z=\sqrt{M^2+N^2}$		7.603（良好）	7.250（良好）	6.904（一般）
综合效益评价		满足基本效益 基本协调发展 （XO_5 区域）	满足基本效益 基本协调发展 （XO_5 区域）	满足基本效益 基本协调发展 （XO_5 区域）
综合效益值		103760.806	86139.042	70518.675
综合效益排名		1	2	3

对比分析可知，猎德村改造综合效益值最高，表明通过政府代为土地拍卖，获取改造资金，村民主导完成改造的 R-G-D 模式比政府以行政手段主导的 G-R-D 模式和完全由开发商提供资金并主导改造的 D-G-R 模式更能平衡各方的利益，综合效益也更高。

第 8 章　结论与展望

8.1　结论

本研究提出了“如何对城市更新综合效益进行科学评价”的研究问题。首先运用博弈论构建城市更新核心利益相关者的博弈模型，分析得出可供选择的基于利益相关者的城市更新模式，通过研究设计和理论支撑，明确用协调效益和发展效益两个体系六个维度来评价城市更新综合效益，并由此建立评价体系和评价模型，选择广州市三个典型案例，用模糊数学的方法量化案例评价结果并进行对比分析，探讨综合效益最优的城市更新模式。主要结论如下：

一是基于利益相关者理论，界定了城市更新的核心利益相关者为政府、居民和开发商。运用博弈论构建了两两静态博弈模型和三方静态博弈模型，分析各自的期望收益，寻找博弈均衡点，结果如下：

1. 政府和居民的博弈存在是否推进城市更新和补偿标准的博弈。当 $R_b + R_m > 2R_1$，政府会推进城市更新，居民也会支持，反之，政府不会推进城市更新，居民也不支持；当居民支持城市更新的概率$\delta > \frac{H_{g3}-H_{g4}}{(H_{g3}-H_{g4})-(R_{b1}-R_{b2})}$，政府会采用低标准补偿，当居民支持城市更新的概率$\delta < \frac{H_{g1}-H_{g2}}{(H_{g3}-H_{g4})-(R_{b1}-R_{b2})}$，政府则会选择高标准补偿方式。双方博弈的重点在于 R_{b1}，即居民所获得的补偿收益的高低。

2. 政府和开发商的博弈存在政府是否提供优惠政策和关于开发强度的博弈。当政府提供的政策优惠（$D_2\lambda$）弥补了开发商的收益差额（$I - D_1$），并且当政府提供高强度开发政策的概率$\tau > \frac{I-(D_4+D_2)}{D_3-D_4}$时，开发商会积极参与更新城市更新。政府可通过调整 D_2 和 D_3 大小，即开发商的收益，来吸引开发商参与城市更新。

3. 居民和开发商的博弈均衡点是居民进行监督，开发商循规改造，此时才能达到双方共赢，收益为（$I - H_d - R_2 - D_5$，$R_2 + D_5$）。

4. 在政府、居民和开发商三方静态博弈中：当居民严格监督的概率$\sigma>1-\dfrac{C_g}{\theta\times(G_0+F_d)}$时，政府选择“不严格监管”是最优的策略；当开发商违规改造的概率$\theta>\dfrac{C_r}{(1-\beta)\times L_r}$时，居民选择“严格监督”是最优的策略；当政府严格监管的概率$\beta>\dfrac{D_0-\sigma\times D_0-\sigma\times F_d}{(1-\sigma)\times(D_0+F_d)}$时，开发商的最优策略是严格循规、稳步推进改造。

在分析政府、居民和开发商博弈均衡点的基础上，通过构建三方的动态博弈模型得出三种基于利益相关者的城市更新模式：（1）政府主导完成的G-R-D模式，可分解为G模式和G-R模式；（2）政府提供政策，居民主导自治完成的R-G-D模式；（3）政府提供政策，居民支持配合，开发商主导完成的D-G-R模式。

二是设计协调效益和发展效益两个指标体系六个维度来评价城市更新的综合效益，其中协调效益体系包括政府效益、居民效益和开发商效益，发展效益体系包括社会效益、经济效益和环境效益。

1. 通过文献研究和专家访谈、问卷调查，确定30个有代表性的城市更新综合效益评价影响因子。

2. 通过因子分析，找出三种不同模式综合效益评价中两个体系六个维度所包含的主要指标，构建城市更新综合效益评价指标体系，并使用熵值法计算指标层各指标的权重，结果如下：

（1）在R-G-D模式中，协调效益体系下的政府效益有6个评价指标，分别是公共基础设施的完善程度、历史文化和城市风格的传承、社会和谐稳定度、环境质量改善状况、城市更新后续发展潜力、土地财政收入状况，其权重分别为0.0743、0.1912、0.2037、0.2203、0.1098、0.2008；居民效益有5个评价指标，分别为拆迁补偿和安置费水平、社会福利保障改善程度、城市景观功能改善程度、居住条件改善状况、人均可支配收入状况，权重分别为0.1431、0.1607、0.1538、0.2510、0.2913；开发商效益有5个评价指标分别为企业收益和品牌提高状况、投资收益率、城市更新改造费用、公众参与度、新旧建筑的协调度，权重分别为0.1344、0.2398、0.2307、0.2639、0.1312。发展效益体系下的社会效益有5个评价指标，分别为公共基础设施的完善程度、公众参与度、历史文化和城市风格的传承、城市景观功能改善程度、城市更新后续发展潜力，权重分别为0.2526、

0.2385、0.1726、0.1664、0.1699；经济效益有 6 个评价指标，分别为交通改善状况、城市更新改造费用、土地利用率、社会福利保障改善程度、社会和谐稳定度、企业收益和品牌提高状况，权重分别为 0.1570、0.1621、0.1454、0.1695、0.1403、0.2258；环境效益有 6 个评价指标，分别为土地财政收入状况、居住条件改善状况、社区的整洁安全度和归属感、环境质量改善状况、土地利用强度、文化教育的改善程度，权重分别为 0.1070、0.1839、0.2136、0.1957、0.1071、0.1928。

（2）在 G-R-D 模式中，协调效益体系下的政府效益有 6 个评价指标，分别是公共基础设施的完善程度、历史文化和城市风格的传承、社会和谐稳定度、拆迁补偿和安置费水平、城市更新后续发展潜力、城市更新改造费用，其权重分别为 0.0939、0.1721、0.1956、0.2095、0.1174、0.2115；居民效益有 5 个评价指标，分别为居住条件改善状况、社会福利保障改善程度、文化教育的改善程度、租金收益水平、人均可支配收入状况，权重分别为 0.1531、0.1777、0.1638、0.2311、0.2743；开发商效益有 5 个评价指标分别为交通改善状况、土地利用率、城市景观功能改善程度、投资收益率、企业收益和品牌提高状况，权重分别为 0.1541、0.2203、0.1416、0.2342、0.2498。发展效益体系的评价指标和 R-G-D 模式的相同。

（3）在 D-G-R 模式中，协调效益体系下的政府效益有 6 个评价指标，分别是公共基础设施的完善程度、历史文化和城市风格的传承、社会和谐稳定度、拆迁补偿和安置费水平、城市更新后续发展潜力、土地财政收入状况，其权重分别为 0.0812、0.1756、0.2107、0.2188、0.1114、0.2023；居民效益有 5 个评价指标，分别为公众参与度、社会福利保障改善程度、居住条件改善状况、租金收益水平、人均可支配收入状况，权重分别为 0.1563、0.1776、0.1614、0.2461、0.2586；开发商效益有 5 个评价指标分别为企业收益和品牌提高状况、投资收益率、城市更新改造费用、土地利用强度、城市景观功能改善程度，权重分别为 0.2267、0.1672、0.2692、0.2214、0.1155。发展效益体系的评价指标和 R-G-D 模式的相同。

（4）三种模式下表征发展状态的发展效益指标体系是相同的，但表征协调状态的协调效益指标体系的差别如下：R-G-D 模式下，政府关注环境质量改善状况和土地财政收入状况，居民重视拆迁补偿和安置费水平、城市景观功能改善程度，开发商关注城市更新改造费用、公众参与度和新旧建筑的协调度；G-R-D 模式下，政府关注拆迁补偿和安置费水平和城市更新改造费用，居民关心人均可支配收入状况和租金收益水平，开发商关注投资收益率、土地利用率和企业收益及品牌提高状况；D-G-R 模式下，政府关注拆迁补偿和安置费水平、土地财政收入状况和社会和谐稳定度，居民关注人均可支配收入状况和租金收益水平，开发商关注企业收益和品牌提高状况、城市更新改造费用和土地利用强度。

三是使用熵值法计算两体系下的准则层的指标权重，得出三种不同模式协调效益体系的准则层中，居民效益权重（0.386）最大，政府效益权重（0.343）第2，开发商效益权重（0.271）最低，利益相关者的权重排位反映了城市更新要坚持以人为本，注重居民效益，关注民生、社会和谐稳定，这是城市可持续性的重要基础；三种不同模式发展效益体系中，社会效益权重（0.385）最高，环境效益权重（0.352）次之，经济效益权重（0.263）最低，这与城市更新可持续发展的内涵相吻合，不纯粹追求经济发展，更要关注社会和环境的可持续性发展，追求综合协调统一。基于以上计算的准则层和指标层各评价指标的权重，构建了基于熵权的城市更新综合效益评价模型。

四是在建模过程中，基于公式推导和理论分析，对城市更新利益相关者的策略选择和影响综合效益的因素和条件做了一些假设，并检验了它们的真伪：

1. 假设 H1：政府在推动城市更新的过程中，提供优惠政策的概率与行业平均利润负相关。此假设在第 3 章证伪。

2. 假设 H2：在城市更新项目的监管过程中，居民严格监督的概率与政府付出成本、开发商违规受罚成本正相关，与政府严格监管开发商付出的成本负相关。此假设在第 3 章证实。

3. 假设 H3：在城市更新项目的监管过程中，开发商违规改造的概率与居民严格监督的成本正相关。此假设在第 3 章证实。

4. 假设 H4：在城市更新项目的监管过程中，政府监管的概率与开发商违规改造获得额外利润正相关。此假设无法被证实或证伪。

5. 假设 H5：在其他条件一定的情况下，政府对城市更新综合效益的影响比居民、开发商更重要。此假设在第 5 章中证伪。第 5 章通过数据统计分析，居民效益的权重高于政府和开发商，证明要提高综合效益首先要保证居民的利益。

6. 假设 H6：在其他条件一定的情况下，经济效益的增加比社会效益和环境效益更能提高城市更新综合效益。此假设在第 5 章中证伪。第 5 章通过数据统计分析，社会效益的权重高于环境效益和经济效益，证明城市更新不能唯经济论，要重视社会民生和环境保护，才能提高城市更新的综合效益。

五是选择 R-G-D 模式的猎德村、D-G-R 模式的琶洲村和 G-R-D 模式的杨箕村三个广州市城中村改造作为城市更新的典型案例进行实证研究，验证相关理论方法的正确性和适用性。根据城市更新综合效益评价模型，应用模糊数学方法对三个实际项目进行模糊评价，评价结果分别是猎德村为 7.603（良好），琶洲村为 7.250（良好），杨箕村为 6.904（一般），除了杨箕村评价等级为“一般”之外，其他两个项目的综合评价结果都是“良好”。结合城市更新综合效益评价图显示三个项目的综合效益都是属于满足基本效益基本协调发展项目，比较符合实际情况。基于熵权 - 改进雷达图法计算三个案例的综合效益值，通过案例对比分析可知，猎德村改造综合效益值最高，表明通过政府代为土地拍卖，获取改造资金，村民主导完成的 R-G-D 模式比政府以行政手段主导改造的 G-R-D 模式和完全由开发商提供资金并主导改造的 D-G-R 模式更能平衡各方的利益，综合效益也更高。三种模式的优缺点可见表 8-1。

不同城市更新模式的特点归纳表　　表 8-1

类型	特点	优点	缺点	案例
政府主导的 G-R-D 模式	政府掌握主动权，可以采用政府监管和市场运作相结合的模式	行使行政权力，投资市政公共基础设施建设，保证城市更新建设时序上的合理性	政府投资巨大，缺乏市场运作，难以将土地的市场价值最大化；过于强调行政权力，增加社会矛盾，不利于推进城市更新	杨箕村
居民主导的 R-G-D 模式	在政府的支持和引导下，由居民及其集体股份公司运作组织改造，自筹资金	不把利润最大化作为最终目标，充分考虑原住民的利益，保护好街区历史风貌，杜绝“烂”尾楼出现，降低改造成本	居民及集体缺乏项目开发建设的经验，往往会降低物质空间改造的品质	猎德村
开发商主导的 D-G-R 模式	根据城市总体规划，在政府和居民的支持配合下，开发商独立开发融资地块，并承担拆迁补偿、安置和各类建筑的建设等	具有雄厚的建设资金，降低了政府投资建设的风险，减轻财政投入，具有专业开发经验，加快城市更新进程	政府土地收益损失巨大，居民无法参与改造，开发商过于追求自身利润最大化与原住民发生分歧等问题	琶洲村

综合以上分析，城市更新综合效益评价具有多维性，从协调效益的政府、居民、开发商和发展效益的社会、经济、环境两个视角六个维度进行综合评价。社会民生、经济发展、环境支持、生态平衡、历史文化传承是评价体系的核心内容，其中社会民生是基础，经济发展是重要条件，环境是重要因素，历史文化是内涵所在。城市更新不唯经济发展，更关注社会、环境方面的可持续性发展。因涉及诸多因素，在启动城市更新项目前，应从多视角、多维度对实施方案进行全面评价，合理制定方案和投入规模，以达到可持续性发展的最佳目标。

8.2 创新点

本书的创新主要体现在以下几个方面：

1. 运用博弈理论构建多方静态博弈模型，详细分析了城市更新核心利益相关者的期望收益和博弈均衡点，在此基础上通过构建三方动态博弈模型，得出基于利益相关者的 G-R-D、R-G-D 和 D-G-D 三种城市更新模式，分别适用于政府主导的改造类型、居民主导的改造类型和开发商主导的改造类型。创新详见第 3 章。

2. 设计了基于利益相关者视角的协调效益评价体系和基于发展目标的发展效益评价体系，从政府、居民、开发商和社会、经济、环境六个维度来综合评价城市更新的综合效益。结合可持续发展理论，归纳出具有代表性的城市更新综合效益评价影响因子，运用因子分析法和熵值法分别构建三种不同模式的城市更新综合效益评价指标体系和评价模型。创新详见第 4 章和第 5 章。

3. 基于模糊理论构建的综合效益评价方法和基于熵权 - 改进雷达图的城市更新综合效益的计算方法，可量化综合效益值，更清晰易于判断城市更新综合效益最大的模式。创新详见第 6 章。

4. 针对利益相关者利益博弈和城市更新各效益的重要程度提出六个假设，通过公式推导，结合理论分析和定性分析检验其真伪。创新详见第 3 章和第 5 章。

8.3 相关建议

1. 科学的编制城市规划，兼顾旧城建设与环境提升。政府以可持续发展为目标，科学编制城市发展总体规划，完善市政公共基础设施，改善旧社区生态环境，创造具有丰富文化内容的优美城市景观环境，提升城市竞争力和吸引力。

2. 解决好拆迁补偿安置和动迁居民的社会保障问题。城市更新的实质是各参与利益相关方利益调整的过程，而如何在拆迁补偿安置中实现彼此利益的协调，则是城市更新的核心问题。拆迁补偿是关乎城市更新能否顺利启动的关键，对老百姓的合理诉求应当体现在安置补偿方案中，为城市更新营造一个和谐稳定的氛围。同时，动迁居民的社会保障也是政府必须要考虑和落实的问题，这是保证社会和谐稳定的基础条件之一。

3. 保证公众参与民主决策和合理监督的权利。公众参与和民主决策以及合理的监督机制是保障公共利益的先决条件。通过广泛的公众参与，保证城市更新方案的公正性和可操作性，这是顺利完成城市更新的基本条件之一；建立合理的监督机制，可以防止腐败，节约城市更新成本并保证建设质量。

4. 加强历史文化和城市文脉的保护与利用。历史文化是城市的瑰宝，传承城市文脉才能使城市在发展中保持特有的个性。因此，城市更新应尊重历史背景和文化，通过改造与保护促使新旧建筑协调统一，结合传承与创新、古典与时尚、传统与现代，加强对历史文化遗产的保护，延续城市文化。

5. 制定以人为本的城市更新政策。从城市更新综合效益评价指标体系中可以发现，政府、居民和开发商效益的评价指标中都出现了以人为本的诉求。以人为本的和谐城市更新必须首先着眼于提高居民的生活质量，改善居住环境，努力改善居民的住房和交通条件。其次，以城市更新为契机，提高社会福利、优抚安置等多层次相结合的社会保障体系，调和社会矛盾，推动社会和谐稳定全面发展。

8.4　研究不足和展望

城市更新是一项复杂的系统工程，其目标的多维属性决定了综合效益评价的复杂性，做到全面评价是一项艰巨的任务。由于客观条件的限制和作者主观认识以及研究能力的不足，本研究存在一些不足，需要未来进一步的研究。主要有以下几方面：

一是评价城市更新协调效益的维度选取上存在不足。为简化评价过程，本书只选取了城市更新的核心利益相关群体政府、居民和开发商。但城市更新的利益相关者还有很多，例如工程建设方，他们的行为也会影响城市更新的完成质量。如何更合理、更全面地选择主要利益相关者参与博弈和评价综合效益，仍需以后进一步的研究。

二是城市更新综合效益评价指标的选取存在不足。本研究选取的评价指标主要来自国际性权威组织、城市更新领域的专家和利益相关者的意见以及国内外学者的文献，随着时间的迁移，过往的指标是否适合新时代的形势，有待进一步的更新和研究。此外，指标体系中有较多的定性指标，如何进一步提高指标体系的科学性、合理性和可信程度仍需进一步研究。

三是评价指标权重的确定存在不足。原始评价数据的收集，受调查方式、与受访者的沟通方式和数据处理方法的约束，会影响指标所包含的信息量，从而导致熵权不一定全面反映出指标的重要程度，影响研究成果。因此用于综合效益评价的指标权重尚需进一步的验证。

四是受研究时间和本书篇幅的限制，本书中三种不同城市更新模式各选择了一个典型城中村改造项目作为案例。所需案例数量不足导致应用相关模型分析验证结果存在局限性。

因此，选择更全面科学的综合效益评价指标体系、更准确的评价模型和计算方法和更多的案例，是本课题未来继续研究的方向。

随着城市化的继续推进，中国许多城市会进行大规模的城市更新，但对城市更新理论的掌握和研究仍然不足，需要进一步完善，并在城市更新的启动时机、模式选择、融资、监管机制以及公众参与制度等方面进一步研究，使以前经验探索式的城市更新改造工作走向成熟，进入理性、规范、科学和可持续的发展道路，为我国逐步实施，稳步推进城市更新改造提供科学的参考依据。

参考文献

[1] 广东省人民政府. 关于推进“三旧”改造促进节约集约用地的若干意见（粤府〔2009〕78号）[Z]. 2009.8.

[2] 广东省人民政府. 关于提升“三旧”改造水平促进节约集约用地的通知（粤府〔2016〕96号）[Z]. 2016.9.

[3] 广州市城市更新局. 广州市2017年城市更新项目和资金计划 [Z]. 2017.2.

[4] 广东省国土资源厅. 关于深入推进“三旧”改造工作实施意见的通知（粤国土资规字〔2018〕3号）[Z]. 2016.9.

[5] Nachmias D., Nachmias C. Research Methods in the Social Sciences [M] . New York : St. Martin’s Press Inc, 1981.

[6] Kothari C.R. Research Methodology-Methods & Techniques, second Ed [M] . New Delhi: New Age International (P) Ltd, 2005.

[7] Phillips P.P., Stawarski C.A. Data collection : planning for and collecting all types of data [M] . San Francisco : Pfeiffer, 2008 : xxv, 155.

[8] Harvey-Jordan S., Long S. The process and the pitfalls of semi-structured interviews [J] . Community Practitioner, 2001, 74 (6) : 219-220.

[9] 高冉，高文杰，张兰兰，等. 城中村改造中的博弈关系分析与应对 [J]. 安徽农业科学，2011，39（12）：7489-7491.

[10] 陈铁，蒋伶，王梓晨. 基于因子分析法的保障性住房居民满意度研究——以南京市雨花台区为例 [J]. 沈阳建筑大学学报（社会科学版），2014（4）：380-384.

[11] Emrouznejad A., Marra M. The state of the art development of AHP (1979–2017) : a literature review with a social network analysis [J] . International Journal of Production Research, 2017, 55 (22) : 6653-6675.

[12] 饶军，沈简，唐绪波，等. 基于信息熵的模糊评价法及其在滑坡危险性评价中的应用 [J]. 长江科学院院报，2017（06）：66-70，75.

[13] 汪伦焰，安晓伟，李慧敏，等. 熵权模糊综合评判法在不平衡报价分析中的应用 [J]. 南水北调与水利科技，2014，12（4）：185-188.

[14] 张军，王室程. 建筑遗产价值评估方法 [J]. 哈尔滨工程大学学报，2017，38（10）：160-167.

[15] 廖乙勇. 都市更新主体之共生模式：以台北市为例 [M]. 南京：东南大学出版社，2011.

[16] Atkinson R., Moon G. Urban Policy in Britain [M] . London: Macmillan Education, 1994: 84-87.

[17] Gold, John R. A SPUR to action ? : The Society for the Promotion of Urban Renewal, 'anti-scatter' and the crisis of city reconstruction, 1957–1963 [J] . Planning Perspectives, 2012, 27 (2) : 199-223.

[18] Goodman A. City choreographer: Lawrence Halprin in urban renewal America [J] . Planning Perspectives, 2014, 30 (4) : 1-3.

[19] David V. The potential of community entrepreneurship for neighbourhood revitalization in the United Kingdom and the United States [J] . Journal of Enterprising Communities: People and Places in the Global Economy, 2015, 9 (3) : 253-276.

[20] Güzey. The last round in restructuring the city: Urban regeneration becomes a state policy of disaster prevention in Turkey [J] . Cities, 2016, 50: 40-53.

[21] Zheng H.W., Shen G.Q., Wang H. A review of recent studies on sustainable urban renewal [J] . Habitat International, 2014, 41 (1) : 272-279.

[22] 陈占祥．我对美国城市规划的印象［J］．城市规划，1989（2）：46-48.

[23] 吴良镛．关于人居环境科学［J］．城市发展研究，1996（1）：1-5.

[24] Hui E.C.M., Wong J.T.Y., Wan J.K.M. A review of the effectiveness of urban renewal in Hong Kong [J] . Property Management, 2008, 26 (1) : 25-42.

[25] Kleinhans R. Social implications of housing diversification in urban renewal: A review of recent literature [J] . Journal of Housing and the Built Environment, 2004, 19 (4) : 367-390.

[26] Carmon N. Three generations of urban renewal policies-analysis and policy implications [J] . Geoforum, 1999, 30 (2) : 145-158.

[27] 杨静．英美城市更新的主要经验及其启示［J］．中国房地信息，2004（11）：60-62.

[28] 方可．西方城市更新的发展历程及其启示［J］．城市规划汇刊，1998（1）：59-61.

[29] 王如渊．西方国家城市更新研究综述［J］．西华师范大学学报（哲学社会科学版），2004（2）：1-6.

[30] Frieden B.J., Kaplan M. The Politics of Neglect: Urban Aid from Model Cities to Revenue Sharing [M] . MIT Press, Cambridge, MA, 1975: 184-196.

[31] Moynihan D P. Maximum Feasible Misunderstanding [M] . New York: Free Press, 1969: 86-98.

[32] Murray C. Loosing Ground: American Social Policy, 1950-1980 [M] . New York: Basic Books, 1984: 63-74.

[33] Bernt M. Partnerships for Demolition : The Governance of Urban Renewal in East Germany's Shrinking Citie [J] . International Journal of Urban and Regional Research, 2009, 33 (3) : 754-769.

[34] Fairbanks R.B. The Texas Exception: San Antonio and Urban Renewal, 1949-1965［J］. Journal of Planning History, 2002, 1 (2) : 181-196.

[35] Stouten P. Sustainable urban renewal [J] . Iahs, 2005, 102 (3) : 22-30.

[36] 严若谷，闫小培，周素红．台湾城市更新单元规划和启示［J］．国际城市规划，2012，27（1）：99-105.

[37] Carmon N. Three generations of urban renewal policies-analysis and policy implications [J] . Geoforum, 1999, 30 (2) : 145-158.
[38] Adams D., Hastings E.M. Urban renewal in Hong Kong : Transition from development corporation to renewal authority [J] . Land Use Policy, 2001, 18 (3) : 245-258.
[39] Booth P. Partnerships and networks: The governance of urban regeneration in Britain [J]. Journal of Housing and the Built Environment, 2005, 20 (3) : 257-269.
[40] Remi, Gilies, Helene. Path-dependency in public—private partnership in French urban renewal [J] . Journal of Housing and the Built Environment, 2005, 20 : 243-256.
[41] John G.H. Forms of Participation in Urban Redevelopment Projects [J] . Innovations in Design & Decision Support Systems in Architecture and Urban Planning, 2006: 375-390.
[42] Lee G.K.L., Chan E.H.W. The Analytic Hierarchy Process (AHP) Approach for Assessment of Urban Renewal Proposals [J] . Social Indicators Research, 2008, 89 (1) : 155-168.
[43] Dale A., Newman L.L. Sustainable development for some: green urban development and affordability [J] . Urban Insight, 2009, 14 (7) : 669-681.
[44] 张更立. 走向三方合作的伙伴关系：西方城市更新政策的演变及其对中国的启示 [J]. 城市发展研究，2004，11（4）：26-32.
[45] 董奇. 伦敦城市更新中的伙伴合作机制 [J]. 规划师，2005，21（4）：100-103.
[46] 刘贵文，易志勇，刘冬梅，等. 我国内地与香港、台湾地区城市更新机制比较研究 [J]. 建筑经济，2017，38（4）：82-85.
[47] 王桢桢. 城市更新治理模式的比较与选择 [J]. 城市观察，2010（3）: 123-130.
[48] 闫小培，魏立华，周锐波. 快速城市化地区城乡关系协调研究——以广州市“城中村”改造为例 [J]. 城市规划，2004，28（3）：30-38.
[49] 蔚芝炳，金崇斌. 基于政府主导、多方参与旧城改造模式的探讨——以蚌埠市为例 [J]. 安徽建筑工业学院学报（自然科学版），2009，17（2）：30-34.
[50] 游艳玲，张兴杰. 开发商参与城中村改造的管理机制分析——以广州市为例 [J]. 中南民族大学学报（人文社会科学版），2011，31（6）：83-86.
[51] 刘贵文，王曼. 基于公众参与的旧城改造模式研究 [J]. 建筑经济，2011（9）：15-18.
[52] 马珣. 国内外城中村改造模式优化探究 [J]. 中共珠海市委党校珠海市行政学院学报，2015（6）：62-67.
[53] 张磊. “新常态”下城市更新治理模式比较与转型路径 [J]. 城市发展研究，2015，22（12）：57-62.
[54] Rothenberg J. Economic evaluation of urban renewal: Conceptual foundation of benefit-cost analysis [M] . Washington: The Brookings Institution, 1969.
[55] Martin A.，Garrett J. Urban regeneration using local resources : cost- benefit analysis [J] . Journal of Urban Planning and Development, 1995, 121 (4) : 146-157.
[56] Brindley，Tim. The social dimension of the urban village: A comparison of models for

sustainable urban development [J] . Urban design international, 2003, 8 (1) : 53-65.
[57] Bromley R., Tallon A., Thomas, C. City centre regeneration through residential development contributing to sustainability [J] . Urban Studies, 2005, 42 (13) : 2407-2429.
[58] Lee G.K.L., Chan E.H.W. Factors Affecting Urban Renewal in High-Density City: Case Study of Hong Kong [J] . Journal of Urban Planning and Development, 2008, 134 (3) : 140-148.
[59] 王兰，刘刚. 20 世纪下半叶美国城市更新中的角色关系变迁［J］. 国际城市规划，2007，22（4）：21-26.
[60] 杨晓兰. 伯明翰：城市更新和产业转型的经验及启示［J］. 中国城市经济，2008（11）：38-41.
[61] 陈功. 获取旧城改造中的综合效益方法研究［D］. 长沙：湖南大学，2005.
[62] 曹堪宏，刘会平，黄洁峰，等. 广州市旧城改造模式研究——以越秀区为例［J］. 华中师范大学学报（自然科学版），2006，40（2）：301-304.
[63] 郭娅，柯丽华，濮励杰. 小规模旧城改造现状评价模型初步研究——以武汉黄鹤楼街区改造为例［J］. 武汉科技大学学报（社会科学版），2006，8（6）：88-91.
[64] 陈宁，周炳中. 城市化进程下的旧城改造和历史文化遗产保护［J］. 经济论坛，2007（1）：39-42.
[65] 熊向宁. 从城市社会学角度重构旧城改造的和谐对策［J］. 规划师，2008，24（12）：114-117.
[66] 赵春容，赵万民，谭少华. 我国旧城改造中利益分配矛盾及对策研究［J］. 西南科技大学学报（哲学社会科学版），2008，25（3）：43-47.
[67] 唐甜. 广州市城中村改造的效益分析［D］. 广州：华南理工大学，2011.
[68] 薛惠锋，张骏. 现代系统工程导论［M］. 北京：国防工业出版社，2006.
[69] Taig T. Dealing with Differences of Expert Opinion [J/OL] . Prepared by TTAC Limited for the Health and Safety Executive. Available via: http：//www.hse.gov.uk/research/rrpdf/rr012.pdf, 2002.
[70] Hemphill L., Berry J., Mcgreal S. An indicator-based approach to measuring sustainable urban regeneration performance: Part 1, conceptual foundations and methodological framework [J] . Urban Studies, 2004, 41 (4) : 725-755.
[71] Langstraat J.W. The Urban Regeneration Industry in Leeds: Measuring Sustainable Urban Regeneration Performance [J] . Earth & Environment, 2006 (2) : 167-210.
[72] Hemphill L., Mcgreal S., Berry J. An indicator-based approach to measuring sustainable urban regeneration performance: Part 2, empirical evaluation and case-study analysis [J] . Urban Studies, 2004, 41 (4) : 757-772.
[73] Lee G.K.L., Chan E.H.W. A sustainability evaluation of government-led urban renewal projects [J] . Facilities, 2008, 26 (13/14) : 526-541.
[74] Chan E., Lee G.K.L. Critical factors for improving social sustainability of urban renewal

projects [J] . Social Indicators Research, 2008, 85 (2) : 243-256.

[75] Colantonio A., Dixon T. Measuring Socially Sustainable Urban Regeneration in Europe [Z] . Oxford Institute for Sustainable Development (OISD) , School of the Built Environment, Oxford Brookes University, October. 2009.

[76] Shen L.Y., Ochoa J.J., Shah M.N., et al. The application of urban sustainability indicators - A comparison between various practices [J] . Habitat International, 2011 , 35 (1) : 17-29.

[77] Singh R.K., Murty H.R., Gupta S.K., et al. An overview of sustainability assessment methodologies [J] . Ecological Indicators, 2009, 9 (2) : 189-212.

[78] 龙腾飞. 城市可持续性更新模式研究 [D] . 南京：河海大学，2008.

[79] 李俊杰，张建坤，刘志刚 . 旧城改造的社会评价体系研究 [J]. 江苏建筑,2009(6)：5-7, 25.

[80] 尹波，杨彩霞. 既有建筑综合改造指标体系和综合评价研究 [C]. 第 7 届国际绿色建筑与建筑节能大会暨新技术与产品博览会，2011 ：254-257.

[81] 应奋，张杰. 基于集对分析的旧城区改造综合评价体系研究 [J]. 中国管理信息化，2011，14（24）：62-64.

[82] 邓堪强. 城市更新不同模式的可持续性评价——以广州为例 [D]. 武汉：华中科技大学，2011.

[83] 申菊香，邱灿红，王彬. 可持续理念下宜居城市建设评价体系研究——以岳阳为例 [J]. 中外建筑，2012（11）：57-59.

[84] 雷霆，胡月明，王兵，等. “三旧”改造实施评价的指标体系构建 [J]. 安徽农业科学，2012，40（21）：1095510957.

[85] 赵律相，胡月明. 旧村庄改造潜力评价研究 [J]. 广东土地科学，2012（6）：20-25.

[86] 刘航. 旧城区改造项目综合评价研究 [D]. 赣州：江西理工大学，2013.

[87] 刘婧婧. 旧城改造的可持续性综合评价体系研究 [D]. 武汉：武汉理工大学，2014.

[88] Liu J.K., Li J.F., Zhu J. Research on Indexes System of comprehensive benefit of the reconstruction of old factory buildings, old villages and old towns [C] . Lulea: Proceedings of the 2015 International Conference on Construction and Real Estate Management. 2015: 42-50.

[89] 李红，朱建平. 综合评价方法研究进展评述 [J]. 统计与决策，2012（9）：7-11.

[90] Pottebaum J., Artikis A., Marterer R., et al. User-Oriented Evaluation of Event-Based Decision Support Systems [C]. Athens ：Proceedings of the 2012 IEEE 24th International Conference on Tools with Artificial Intelligence - Volume 01. IEEE, 2012.

[91] Hemphill L., Mcgreal S., Berry J. An aggregated weighting system for evaluating sustainable urban regeneration [J] . Journal of Property Research, 2002, 19（4）: 353-373.

[92] Cheung C.K., Leung K.K. Retrospective and prospective evaluations of environmental quality under urban renewal as determinants of residents' subjective quality of life [J] . Social Indicators Research, 2008, 85 (2): 223-241.

[93] Syed Y. A., Georgakis P., Nwagboso C. Fuzzy Logic based Built Environment Impact Assessment for Urban Regeneration Simulation [C]. 2009 Second International Conference in Visualisation (IEEE), 2009, 90-95.
[94] 徐建华. 香港和广州：旧城改造的模式及行动者比较［J］. 逻辑学研究，2005，25（5）：174-179.
[95] 靳红霞. 旧城改造方案的综合评定方法［J］. 工程建设与设计，2008，10（4）：117-120.
[96] 田瑾. 多指标综合评价分析方法综述［J］. 时代金融，2008（2）：25-27.
[97] Thoft-Christensen, Palle. Infrastructures and life-cycle cost-benefit analysis [J]. Structure and Infrastructure Engineering, 2012, 8（5）: 507-516.
[98] 魏权龄. 评价相对有效性的数据包络分析模型［M］. 北京：中国人民大学出版社，2012.
[99] Saaty T. L. The Analytic Hierarchy Process [M] . NewYork: McGraw-Hill, 1980.
[100] Sadiq R., Rodriguez M.J. Fuzzy synthetic evaluation of disinfection by-products - a risk-based indexing system [J]. Journal of Environmental Management, 2004, 73 (1) : 1-13.
[101] Xu Y.L., Yeung J.F.Y., Chan A.P.C., et al. Developing a risk assessment model for PPP projects in China - A fuzzy synthetic evaluation approach [J]. Automation in Construction, 2010, 19 (7) : 929-943.
[102] Nayebpur H., Bokaei M.N., Wang C.C., et al. Portfolio selection with fuzzy synthetic evaluation and genetic algorithm [J]. Engineering Computations, 2017, 34 (7) : 2422-2434.
[103] 何晓群 . 现代统计分析方法与应用（第 3 版）［M］. 北京：中国人民大学出版社，2012.
[104] 付俊文，赵红. 利益相关者理论综述［J］. 首都经济贸易大学学报，2006，8（2）：16-21.
[105] 晏姿，岳静宜，郝生跃. 保障性住房综合评价体系构建研究——基于核心利益相关者视角［J］. 工程管理学报，2014（6）：129-133.
[106] 李丽娟，朱鸿伟. 城中村改造的利益相关者分析——以广州猎德村为例［J］: 特区经济，2009（10）：146-147.
[107] 张侠，赵德义，朱晓东，等. 城中村改造中的利益关系分析与应对［J］. 经济地理，2006，26（3）：496-499.
[108] 刘金海. 城中村改造的四大转变及相关问题探讨［J］. 东南学术，2007（6）：15-22.
[109] 范如国，韩民春. 博弈论［M］. 武汉：武汉大学出版社，2006：1-6.
[110] 赵彦娟. 城中村改造中的博弈与效益评价研究［D］. 济南：山东建筑大学，2010.
[111] 张晶. 城中村改造中参与主体的博弈分析与对策建议［J］. 改革与战略，2008，24（4）：82-86.
[112] 孟维华，诸大建，周新宏. 城中村改造的博弈模型及实证研究［J］. 中国名城，2009（5）：13-19.
[113] 高曼. 基于博弈论的城中村改造对策研究［D］. 西安：西安建筑科技大学，2012.
[114] Yuan L.L., Wang Y.S., Huang H.H. Game analysis on urban rail transit project under governmental investment regulation [J]. Open Construction and Building Technology Journal,

2016 (10) : 369-378.

[115] 谭肖红，袁奇峰，吕斌 . 城中村改造村民参与机制分析——以广州市猎德村为例 [J]. 热带地理，2012，32（6）：618-625.

[116] 廖东岚，林蓉蓉. 城中村改造中的拆迁补偿政策研究——以猎德村为例 [J]. 经济研究导刊，2011（22）：131-133.

[117] Li J.F., Wang Y.S., Lu N., et al. Game Analysis of Stakeholders in Urban Renewal Based on Maximization of Social Welfare [C]. Hongkong: Proceedings of the 21st International Symposium on Advancement of Construction Management and Real Estate, 2017, 835-849.

[118] Wong C. Indicators in Use: Challenges to Urban and Environmental Planning in Britain [J]. The Town Planning Review, 2000, 71 (2) : 213-239.

[119] Maclaren, Virginia W. Urban Sustainability Reporting [J]. Journal of the American Planning Association, 1996, 62（2）: 184-202.

[120] 中国 21 世纪议程管理中心. 可持续发展指标体系的理论与实践 [M]. 北京：社会科学文献出版社，2004.

[121] Commission on Sustainable Development (CSD). Indicators of Sustainable Development: Guidelines and Methodologies [DB/OL]. New York, USA, Available via: http://www.un.org/esa/sustdev/natlinfo/indicators/indisd/indisd-mg2001.pdf, 2001.

[122] Commission on Sustainable Development (CSD). Indicators of sustainable development : Guidelines and Methodologies [DB/OL]. New York, USA, Available via: http: //www.un.org/esa/sustdev/natlinfo/indicators/guidelines.pdf, 2007.

[123] 中华人民共和国科学技术部 (MOST) [DB/OL] . 北京 : Available via: http://www.most.gov.cn/fggw/zfwj/zfwj2002/zf02wj/zf02bfw/200312/t20031209_31485.htm, 2002.

[124] 中华人民共和国住房和城乡建设部 (MOHURD) [DB/OL]. 北京 : Available via: http: //www.mohurd.gov.cn/wjfb/201605/t20160530_227652.html, 2016.

[125] Tasaki T., Kameyama Y., Hashimoto S., et al. A survey of national sustainable development indicators [J] . International Journal of Sustainable Development, 2010, 13（4）:337-361.

[126] 甘琳，申立银，傅鸿源. 基于可持续发展的基础设施项目评价指标体系的研究 [J]. 土木工程学报，2009（11）：133-138.

[127] Boyle L., Michell K. Urban facilities management: A systemic process for achieving urban sustainability [J]. International Journal of Sustainable Development & Planning, 2017(3) : 446-456.

[128] Wang Y.S., Li J.F., Zhang G.L., et al. Fuzzy valuation of comprehensive benefit in urban renewal based on the perspective of core stakeholders [J] . Habitat International, 2017, 66: 163-170.

[129] Boulanger, P.M. Sustainable development indicators: a scientific challenge, a democratic issue. S.A.P.I.E.N.S. [DB/OL]. Available via : http : //sapiens.revues.org/166, Sep. 2016.

[130] 陈庆玲．我国城市旧房改造模式的综合效益研究［D］．沈阳：东北大学，2008.

[131] Kim J.O., Mueller C.W. Factor analysis : Statistical methods and practical issue [M] . London: Sage Pubilcations, 1978.

[132] Aron A., Aron E.N. Statistics for the behavioral and social sciences: A brief course [M]. New York: Prentice Hall, 2002, 176-194.

[133] 朱建平，殷瑞飞．SPSS 在统计分析中的应用［M］．北京：清华大学出版社，2007.

[134] 薛薇．SPSS 统计分析方法及应用（第 3 版）［M］．北京：电子工业出版社，2013.

[135] Kaiser H.F. An index of factorial simplicity [J] . Psychometrika, 1974, 39（1）: 31-36.

[136] Tabachnick B.G, Fidell L.S. Using multivariate statistics (5th ed.) [M] . 2007 ： 35-47.

[137] URA. Review of the Urban Renewal Strategy [R] . Hongkong: Paper for the Legislative Council Panel on 23 February, 2010, 76-93.

[138] 苑娟，万焱，褚意新．熵理论及其应用［J］．中国西部科技，2011，10（5）：42-44.

[139] 袁一楠．熵的哲学原理［J］．法制与社会，2018（32）：236-237.

[140] 程启月．评测指标权重确定的结构熵权法［J］．系统工程理论与实践，2010，30（7）：1225-1228.

[141] Han L., Song Y., Duan L., et al. Risk assessment methodology for Shenyang Chemical Industrial Park based on fuzzy comprehensive evaluation [J] . Environmental Earth Sciences, 2015, 73 (9) : 5185-5192.

[142] Siddiqui Z.A., Tyagi K. Study on service selection effort estimation in service oriented architecture-based applications powered by information entropy weight fuzzy comprehensive evaluation model [J] . IET Software, 2018, 12 (2) : 76-84.

[143] Tesfamaraim S., Saatcioglu M. Seismic Risk Assessment of RC Buildings Using Fuzzy Synthetic Evaluation [J] . Journal of Earthquake Engineering, 2008，12 (7) ： 1157-1184.

[144] 王丹华，宋敏．基于熵权的多层次模糊综合评价的水利建设项目评价研究［J］．项目管理技术，2014（2）：44-48.

[145] 张桦，魏本刚，李可军，等．基于变压器马尔可夫状态评估模型和熵权模糊评价方法的风险评估技术研究［J］．电力系统保护与控制，2016，44（5）：134-140.

[146] 赵梦娴，董桥．基于熵权 - 模糊评价的半枯竭水体生态健康评价体系研究［J］．科技与创新，2018（6）：55-57.

[147] 刘沐宇，李海洋，田伟．基于熵权模糊综合评价的桥梁汽车燃烧风险分析［J］．土木工程与管理学报，2014（2）：51-55，61.

[148] Meng L.H., Chen Y.N., Li W.H., et al. Fuzzy comprehensive evaluation model for water resources carrying capacity in Tarim River Basin，Xinjiang, China [J] . Chinese Geographical Science, 2009, 19（1）: 89-95.

[149] Wei B., Wang S.L., Li L. Fuzzy comprehensive evaluation of district heating systems［J］. Energy Policy, 2010, 38（10）: 5947-5955.

[150] 张卫民. 基于熵值法的城市可持续发展评价模型[J]. 厦门大学学报(哲学社会科学版), 2004(2): 109-115.
[151] 郑惠莉, 刘陈, 翟丹妮. 基于雷达图的综合评价方法[J]. 南京邮电大学学报(自然科学版), 2001, 21(2): 75-79.
[152] 王雁凌, 李艳君, 许奇超. 改进雷达图法在输变电工程综合评价中的应用[J]. 电力系统保护与控制, 2012, 40(5): 121-122.
[153] 吴晶晶. 广州杨箕村旧城改造项目[J]. 城市建筑, 2016(23): 345-346.
[154] 赵静. 广州市中心城区"三旧"改造的规划设计探索——以杨箕富力东山新天地规划设计为例[J]. 建设科技, 2015(13): 70-71.
[155] 陈杰文. 广州市城中村改造模式更新模式研究[D]. 武汉: 武汉理工大学, 2010.

调 查 问 卷

调查问卷一：

尊敬的受访者：

非常感谢您百忙之中参与本次问卷调查。希望通过本次调查，课题组能够找出城市更新综合效益评价指标体系，将其应用于实践评价，以促进城市更新可持续发展。城市更新的综合效益主要有经济效益、社会效益、环境效益，同时会有多个利益相关者参与城市更新，这就涉及政府效益、居民（业主）效益、开发商效益。本次问卷调查的目的是，探寻以上六个效益所需的评价指标。您提供的信息对本课题的研究具有重要的作用，并将对我国城市更新综合效益的改善做出重要贡献。

本问卷中的所有问题将不涉及您的工作机密和个人隐私，只需根据您的个人经验如实作答即可。我们承诺，对您填写的一切内容将严格保密，并仅供学术研究使用。回收的问卷将按严格的程序进行统计处理，不会涉及具体的单位或个人。我们诚恳地希望得到您的支持与合作。

城市更新是指对城市中衰落的区域，通过拆迁、改造或维护等建设方式，使之重新发展和繁荣而进行的再开发活动的项目总称。例如城中村的改造，文化古迹的维护等。

填写说明：请将正确选项用“√”填写在“□”内。

第一部分：背景资料

1. 性别

□（1）男　　　　　　　　　　　　□（2）女

2. 年龄

□（1）20～29 岁　□（2）30～39 岁　□（3）40～49 岁

□（4）50～59 岁　□（5）60 岁及以上

3. 您的受教育程度

□（1）大专以下　□（2）大专　□（3）本科

□（4）硕士　□（5）博士　□（6）其他

4. 工作单位类别

□（1）企业　□（2）行政事业单位　□（3）研究机构

□（4）高校　□（5）其他

5. 您间接或直接参与过几个城市更新项目

□（1）1 个　□（2）2 个　□（3）3 个及以上

6. 您从事城市更新工作的年限

□（1）没有　□（2）1～2 年　□（3）3～4 年

□（4）5～6 年　□（5）6 年以上

第二部分　城市更新综合效益评价维度的重要性

试评价社会效益、经济效益、环境效益以及政府效益、居民效益、开发商效益对城市更新综合效益的重要性。

评分指标

	非常不重要	不重要	一般	重要	非常重要
评分	1	2	3	4	5

社会效益 □1 □2 □3 □4 □5　政府效益 □1 □2 □3 □4 □5

经济效益 □1 □2 □3 □4 □5　居民效益 □1 □2 □3 □4 □5

环境效益 □1 □2 □3 □4 □5　开发商效益 □1 □2 □3 □4 □5

第三部分　城市更新综合效益评价指标的重要性

试评价以下各项指标在政府主导、居民及集体主导和开发商主导的三种不同城市更新模式下经济效益、社会效益、环境效益以及在政府效益、居民效益、开发商效益两个视角六方面对城市更新综合效益的重要性。

评分指标

	非常不重要	不重要	一般	重要	非常重要
评分	1	2	3	4	5

评分举例：

政府主导模式□　　居民及集体主导模式☑　　开发商主导模式□

居住条件改善状况

社会效益 □1 □2 □3 ☑4 □5　　政府效益 □1 □2 ☑3 □4 □5

经济效益 □1 □2 ☑3 □4 □5　　居民效益 □1 □2 □3 □4 ☑5

环境效益 □1 □2 □3 ☑4 □5　　开发商效益 ☑1 □2 □3 □4 □5

政府主导模式□　　居民及集体主导模式□　　开发商主导模式□

1. 交通改善状况

社会效益 □1 □2 □3 □4 □5　　政府效益 □1 □2 □3 □4 □5

经济效益 □1 □2 □3 □4 □5　　居民效益 □1 □2 □3 □4 □5

环境效益 □1 □2 □3 □4 □5　　开发商效益 □1 □2 □3 □4 □5

2. 社会和谐稳定度

社会效益 □1 □2 □3 □4 □5　　政府效益 □1 □2 □3 □4 □5

经济效益 □1 □2 □3 □4 □5　　居民效益 □1 □2 □3 □4 □5

环境效益 □1 □2 □3 □4 □5　　开发商效益 □1 □2 □3 □4 □5

3. 社区的整洁安全度和归属感

社会效益 □1 □2 □3 □4 □5　　政府效益 □1 □2 □3 □4 □5

经济效益 □1 □2 □3 □4 □5　　居民效益 □1 □2 □3 □4 □5

环境效益 □1 □2 □3 □4 □5　　开发商效益 □1 □2 □3 □4 □5

4. 历史文化和城市风格的传承

社会效益 □1 □2 □3 □4 □5　　政府效益 □1 □2 □3 □4 □5

经济效益 □1 □2 □3 □4 □5　　居民效益 □1 □2 □3 □4 □5

环境效益 □1 □2 □3 □4 □5　　开发商效益 □1 □2 □3 □4 □5

5. 生活和娱乐设施改善程度

社会效益 □1 □2 □3 □4 □5　政府效益 □1 □2 □3 □4 □5
经济效益 □1 □2 □3 □4 □5　居民效益 □1 □2 □3 □4 □5
环境效益 □1 □2 □3 □4 □5　开发商效益 □1 □2 □3 □4 □5

6. 居住条件改善状况

社会效益 □1 □2 □3 □4 □5　政府效益 □1 □2 □3 □4 □5
经济效益 □1 □2 □3 □4 □5　居民效益 □1 □2 □3 □4 □5
环境效益 □1 □2 □3 □4 □5　开发商效益 □1 □2 □3 □4 □5

7. 社会福利保障改善程度

社会效益 □1 □2 □3 □4 □5　政府效益 □1 □2 □3 □4 □5
经济效益 □1 □2 □3 □4 □5　居民效益 □1 □2 □3 □4 □5
环境效益 □1 □2 □3 □4 □5　开发商效益 □1 □2 □3 □4 □5

8. 公共基础设施的完善程度

社会效益 □1 □2 □3 □4 □5　政府效益 □1 □2 □3 □4 □5
经济效益 □1 □2 □3 □4 □5　居民效益 □1 □2 □3 □4 □5
环境效益 □1 □2 □3 □4 □5　开发商效益 □1 □2 □3 □4 □5

9. 城市更新后续发展潜力

社会效益 □1 □2 □3 □4 □5　政府效益 □1 □2 □3 □4 □5
经济效益 □1 □2 □3 □4 □5　居民效益 □1 □2 □3 □4 □5
环境效益 □1 □2 □3 □4 □5　开发商效益 □1 □2 □3 □4 □5

10. 公众参与度

社会效益 □1 □2 □3 □4 □5　政府效益 □1 □2 □3 □4 □5
经济效益 □1 □2 □3 □4 □5　居民效益 □1 □2 □3 □4 □5
环境效益 □1 □2 □3 □4 □5　开发商效益 □1 □2 □3 □4 □5

11. 企业收益和品牌提高状况

社会效益 □1 □2 □3 □4 □5 政府效益 □1 □2 □3 □4 □5
经济效益 □1 □2 □3 □4 □5 居民效益 □1 □2 □3 □4 □5
环境效益 □1 □2 □3 □4 □5 开发商效益 □1 □2 □3 □4 □5

12. 城市更新改造周期
社会效益 □1 □2 □3 □4 □5 政府效益 □1 □2 □3 □4 □5
经济效益 □1 □2 □3 □4 □5 居民效益 □1 □2 □3 □4 □5
环境效益 □1 □2 □3 □4 □5 开发商效益 □1 □2 □3 □4 □5

13. 城市更新改造费用
社会效益 □1 □2 □3 □4 □5 政府效益 □1 □2 □3 □4 □5
经济效益 □1 □2 □3 □4 □5 居民效益 □1 □2 □3 □4 □5
环境效益 □1 □2 □3 □4 □5 开发商效益 □1 □2 □3 □4 □5

14. 土地财政收入状况
社会效益 □1 □2 □3 □4 □5 政府效益 □1 □2 □3 □4 □5
经济效益 □1 □2 □3 □4 □5 居民效益 □1 □2 □3 □4 □5
环境效益 □1 □2 □3 □4 □5 开发商效益 □1 □2 □3 □4 □5

15. 人均可支配收入状况
社会效益 □1 □2 □3 □4 □5 政府效益 □1 □2 □3 □4 □5
经济效益 □1 □2 □3 □4 □5 居民效益 □1 □2 □3 □4 □5
环境效益 □1 □2 □3 □4 □5 开发商效益 □1 □2 □3 □4 □5

16. 拆迁补偿和安置费水平
社会效益 □1 □2 □3 □4 □5 政府效益 □1 □2 □3 □4 □5
经济效益 □1 □2 □3 □4 □5 居民效益 □1 □2 □3 □4 □5
环境效益 □1 □2 □3 □4 □5 开发商效益 □1 □2 □3 □4 □5

17. 租金收益水平
社会效益 □1 □2 □3 □4 □5 政府效益 □1 □2 □3 □4 □5

经济效益 □1 □2 □3 □4 □5　　居民效益 □1 □2 □3 □4 □5
环境效益 □1 □2 □3 □4 □5　开发商效益 □1 □2 □3 □4 □5

18. 文化教育的改善程度
社会效益 □1 □2 □3 □4 □5　　政府效益 □1 □2 □3 □4 □5
经济效益 □1 □2 □3 □4 □5　　居民效益 □1 □2 □3 □4 □5
环境效益 □1 □2 □3 □4 □5　开发商效益 □1 □2 □3 □4 □5

19. 财务内部收益率
社会效益 □1 □2 □3 □4 □5　　政府效益 □1 □2 □3 □4 □5
经济效益 □1 □2 □3 □4 □5　　居民效益 □1 □2 □3 □4 □5
环境效益 □1 □2 □3 □4 □5　开发商效益 □1 □2 □3 □4 □5

20. 动态投资回收期
社会效益 □1 □2 □3 □4 □5　　政府效益 □1 □2 □3 □4 □5
经济效益 □1 □2 □3 □4 □5　　居民效益 □1 □2 □3 □4 □5
环境效益 □1 □2 □3 □4 □5　开发商效益 □1 □2 □3 □4 □5

21. 财务净现值
社会效益 □1 □2 □3 □4 □5　　政府效益 □1 □2 □3 □4 □5
经济效益 □1 □2 □3 □4 □5　　居民效益 □1 □2 □3 □4 □5
环境效益 □1 □2 □3 □4 □5　开发商效益 □1 □2 □3 □4 □5

22. 投资收益率
社会效益 □1 □2 □3 □4 □5　　政府效益 □1 □2 □3 □4 □5
经济效益 □1 □2 □3 □4 □5　　居民效益 □1 □2 □3 □4 □5
环境效益 □1 □2 □3 □4 □5　开发商效益 □1 □2 □3 □4 □5

23. 借款偿还期
社会效益 □1 □2 □3 □4 □5　　政府效益 □1 □2 □3 □4 □5
经济效益 □1 □2 □3 □4 □5　　居民效益 □1 □2 □3 □4 □5

环境效益 □1 □2 □3 □4 □5 开发商效益 □1 □2 □3 □4 □5

24. 环境质量改善状况

社会效益 □1 □2 □3 □4 □5 政府效益 □1 □2 □3 □4 □5
经济效益 □1 □2 □3 □4 □5 居民效益 □1 □2 □3 □4 □5
环境效益 □1 □2 □3 □4 □5 开发商效益 □1 □2 □3 □4 □5

25. 土地利用率

社会效益 □1 □2 □3 □4 □5 政府效益 □1 □2 □3 □4 □5
经济效益 □1 □2 □3 □4 □5 居民效益 □1 □2 □3 □4 □5
环境效益 □1 □2 □3 □4 □5 开发商效益 □1 □2 □3 □4 □5

26. 土地利用强度

社会效益 □1 □2 □3 □4 □5 政府效益 □1 □2 □3 □4 □5
经济效益 □1 □2 □3 □4 □5 居民效益 □1 □2 □3 □4 □5
环境效益 □1 □2 □3 □4 □5 开发商效益 □1 □2 □3 □4 □5

27. 生态环境的影响程度

社会效益 □1 □2 □3 □4 □5 政府效益 □1 □2 □3 □4 □5
经济效益 □1 □2 □3 □4 □5 居民效益 □1 □2 □3 □4 □5
环境效益 □1 □2 □3 □4 □5 开发商效益 □1 □2 □3 □4 □5

28. 城市景观功能改善程度

社会效益 □1 □2 □3 □4 □5 政府效益 □1 □2 □3 □4 □5
经济效益 □1 □2 □3 □4 □5 居民效益 □1 □2 □3 □4 □5
环境效益 □1 □2 □3 □4 □5 开发商效益 □1 □2 □3 □4 □5

29. 建筑节能水平

社会效益 □1 □2 □3 □4 □5 政府效益 □1 □2 □3 □4 □5
经济效益 □1 □2 □3 □4 □5 居民效益 □1 □2 □3 □4 □5
环境效益 □1 □2 □3 □4 □5 开发商效益 □1 □2 □3 □4 □5

30. 新旧建筑的协调度

社会效益 □1 □2 □3 □4 □5　政府效益 □1 □2 □3 □4 □5

经济效益 □1 □2 □3 □4 □5　居民效益 □1 □2 □3 □4 □5

环境效益 □1 □2 □3 □4 □5　开发商效益 □1 □2 □3 □4 □5

调查问卷二

尊敬的女士／先生：

您好！感谢您参与本次问卷调查。这是一份研究广州市三个城中村改造的满意度评估的问卷，以便更好地选择城中村改造的模式。请您根据综合效益中的政府效益、居民效益、开发商效益和社会效益、经济效益、环境效益的评价指标，对三个城中村改造进行效益评价。其中1表示很差，3表示较差，5表示一般，7表示良好，9表示很好，共五个等级。请在相应分数的空格打"√"。相关城中村的介绍材料附在调查表后面。本次调查所收集的数据仅用于学术研究，不会泄露任何个人信息。

猎德村改造项目政府效益、居民效益和开发商效益评价表　　表1

维度	评价指标	评分				
		1分	3分	5分	7分	9分
政府效益	公共基础设施的完善程度					
	历史文化和城市风格的传承					
	社会和谐稳定度					
	环境质量改善状况					
	城市更新后续发展潜力					
	土地财政收入状况					
居民效益	拆迁补偿和安置费水平					
	社会福利保障改善程度					
	城市景观功能改善程度					
	居住条件改善状况					
	人均可支配收入状况					

续表

维度	评价指标	评分				
		1分	3分	5分	7分	9分
开发商效益	企业收益和品牌提高状况					
	投资收益率					
	城市更新改造费用					
	公众参与度					
	新旧建筑的协调度					

猎德村改造项目社会效益、经济效益和环境效益评价表 **表2**

维度	评价指标	评分				
		1分	3分	5分	7分	9分
社会效益	公共基础设施的完善程度					
	公众参与度					
	历史文化和城市风格的传承					
	城市景观功能改善程度					
	城市更新后续发展潜力					
经济效益	交通改善状况					
	城市更新改造费用					
	土地利用率					
	社会福利保障改善程度					
	社会和谐稳定度					
	企业收益和品牌提高状况					
环境效益	土地财政收入状况					
	居住条件改善状况					
	社区的整洁安全度和归属感					
	环境质量改善状况					
	土地利用强度					
	文化教育的改善程度					

琶洲村改造项目政府效益、居民效益和开发商效益评价表　　表3

维度	评价指标	评分				
		1分	3分	5分	7分	9分
政府效益	公共基础设施的完善程度					
	历史文化和城市风格的传承					
	社会和谐稳定度					
	拆迁补偿和安置费水平					
	城市更新后续发展潜力					
	土地财政收入状况					
居民效益	公众参与度					
	社会福利保障改善程度					
	居住条件改善状况					
	租金收益水平					
	人均可支配收入状况					
开发商效益	企业收益和品牌提高状况					
	投资收益率					
	城市更新改造费用					
	土地利用强度					
	城市景观功能改善程度					

琶洲村改造项目社会效益、经济效益和环境效益评价表　　表4

维度	评价指标	评分				
		1分	3分	5分	7分	9分
社会效益	公共基础设施的完善程度					
	公众参与度					
	历史文化和城市风格的传承					
	城市景观功能改善程度					
	城市更新后续发展潜力					
经济效益	交通改善状况					
	城市更新改造费用					
	土地利用率					

续表

维度	评价指标	评分				
		1分	3分	5分	7分	9分
经济效益	社会福利保障改善程度					
	社会和谐稳定度					
	企业收益和品牌提高状况					
环境效益	土地财政收入状况					
	居住条件改善状况					
	社区的整洁安全度和归属感					
	环境质量改善状况					
	土地利用强度					
	文化教育的改善程度					

杨箕村改造项目政府效益、居民效益和开发商效益评价表　　表5

维度	评价指标	评分				
		1分	3分	5分	7分	9分
政府效益	公共基础设施的完善程度					
	历史文化和城市风格的传承					
	社会和谐稳定度					
	拆迁补偿和安置费水平					
	城市更新后续发展潜力					
	城市更新改造费用					
居民效益	居住条件改善状况					
	社会福利保障改善程度					
	文化教育的改造程度					
	租金收益水平					
	人均可支配收入状况					
开发商效益	交通改善状况					
	土地利用率					
	城市景观功能改善程度					
	投资收益率					
	企业收益和品牌提高状况					

杨箕村改造项目社会效益、经济效益和环境效益评价表　　表6

维度	评价指标	评分				
		1分	3分	5分	7分	9分
社会效益	公共基础设施的完善程度					
	公众参与度					
	历史文化和城市风格的传承					
	城市景观功能改善程度					
	城市更新后续发展潜力					
经济效益	交通改善状况					
	城市更新改造费用					
	土地利用率					
	社会福利保障改善程度					
	社会和谐稳定度					
	企业收益和品牌提高状况					
环境效益	土地财政收入状况					
	居住条件改善状况					
	社区的整洁安全度和归属感					
	环境质量改善状况					
	土地利用强度					
	文化教育的改善程度